MÉTHODE AVANTAGEUSE DE GOUVERNER LES ABEILLES.

MÉTHODE
AVANTAGEUSE
DE GOUVERNER
LES ABEILLES,
FONDÉE SUR

DE NOUVELLES OBSERVATIONS

ET

DE NOUVELLES EXPÉRIENCES.

PAR J. F. DUBOST,

OFFICIER de Gendarmerie, Associé-correspondant de la Société libre d'Agriculture et d'Histoire naturelle du Département du Rhône.

AVEC GRAVURE.

A BOURG, Département de l'Ain, chez P. F. BOTTIER, Imprimeur-Libraire, Place d'Armes.

AN VIII — 1800.

Nota. Pour éviter que le Public ne soit trompé par des contrefactions, le Citoyen Bottier déclare ne reconnoître pour bonne et légitime édition que celle qui sera signée par lui au bas de ce *nota*; il se réserve de poursuivre devant les tribunaux tous ceux qui, au mépris de la propriété et des lois existantes, se permettroient de contrefaire ou de distribuer d'autres exemplaires de cet ouvrage, qui ne seroient pas revêtus de sa propre signature.

SE TROUVE

A PARIS,

Chez
- Charles Pougens, Imprimeur-Libraire, quai Voltaire, N.° 10.
- Rondonneau, au Dépôt des Lois, Place du Carrousel.

A LYON,

Chez la veuve Rusand, Libraire, rue Merciere.

AVANT-PROPOS.

Dans les momens de loisir que m'avoit laissés l'état militaire sous l'ancien Gouvernement, je m'occupai de l'éducation des Abeilles. Lorsque j'entrai dans cette carrière, n'ayant qu'une idée confuse de l'histoire de ces insectes, je suivis d'abord les pratiques que je voyois employer autour de moi. Bientôt dégoûté d'un régime qui n'offroit pour dernier résultat, que des produits médiocres qu'on n'obtenoit souvent que par la destruction des mouches, je résolus de l'abandonner, et de voir par moi-même si je pourrois éviter des inconvéniens si funestes à leur multiplication, et si contraires à l'abondance des récoltes. Je travaillai avec ardeur à ce projet. Préparé par la lecture des auteurs les plus célèbres qui ont traité cette partie de l'histoire naturelle, je dirigeai préliminairement mes études sur ce qui forme l'essence d'une ruche ; quelle est la fin que les Abeilles se proposent, et quels sont les moyens dont elles se servent pour y parvenir.

En cherchant à connoître les causes par les effets, je crus m'assurer que l'unique but des Abeilles étoit leur propagation ; que pour consommer le grand œuvre de la génération, il falloit différentes sortes d'apprêts qui ne pouvoient se faire qu'à de certaines époques, et par les températures les plus douces ; qu'une ruche étant organisée et composée de mouches de différens genres et d'une conformation différente, il étoit réparti à chaque genre des fonctions, dont l'ensemble réuni, devoit préparer et amener à leur perfection, des édifices propres à servir de berceaux à la génération future.

Je restai parfaitement convaincu que le plan, la forme de ces édifices et des alvéoles n'avoient été ainsi conçus que pour y recevoir, loger, faire éclore, nourrir et élever les précieux germes destinés à perpétuer leur espèce; que leur développement ne pouvant s'opérer que par une forte chaleur toujours portée à un point presque invariable, ces mêmes alvéoles, en même temps qu'une partie devoit renfermer les jeunes mouches, devoient aussi recevoir les matières propres à maintenir cette chaleur excitée et entretenue avec un art qu'il n'étoit pas naturel de soupçonner dans des insectes. Je voulus, à la faveur de ruches vitrées, pénétrer dans leurs ateliers et examiner de près leurs moyens et leurs procédés. Quoiqu'ils ne m'aient laissé appercevoir qu'une bien petite partie de leur merveilleuse industrie, je vis que les cellules variant de formes et de position, suivant le genre de mouches qui devoient y prendre naissance, la qualité des alimens et celle des substances mises en réserve, varioient aussi; que dès-que les Abeilles étoient nées, elles ne rentroient plus dans les cellules que pour y dégorger les sucs qu'elles rapportoient des champs; que le miel, qu'on avoit cru jusqu'alors uniquement réservé pour leur nourriture, n'étoit au contraire destiné qu'a échauffer la ruche; que tous les travaux devant commencer, se continuer et finir dans le même espace de temps, les Abeilles devoient être secondées par une main intelligente qui sût maintenir une population toujours assez active dans les temps où le mouvement est commandé; que leur repos même n'étant jamais absolu, mais seulement de circonstance, la même main devoit s'attacher à les garantir de tout ce qui pourroit les troubler pendant cet état; qu'enfin, leurs rapports avec les objets extérieurs étant d'une nécessité forcée, c'étoit à l'œil attentif et éclairé sur les dangers qui les attendent, à ne les laisser communiquer avec eux que quand elles n'auront plus de risques à courir.

Les faits que je viens de rapporter et

qui se présentèrent avec tous les caractères de la vérité, firent sur mon esprit une profonde impression ; mais pour m'assurer qu'ils n'étoient pas les fruits de l'illusion et qu'ils existoient réellement, je les constatai par une longue suite d'observations et d'expériences. Ils me parurent alors si importants pour l'amélioration de la culture des Abeilles, que je n'hésitai pas de lui substituer un autre régime plus conforme à leur manière d'exister. L'exécution de ce plan me donna des essaims plus nombreux et constamment plus en état de se multiplier. J'eus des récoltes plus abondantes en miel et cire et d'une meilleure qualité, et j'obtins tous ces produits sans être forcé de porter la dévastation et la mort au milieu de ce peuple laborieux. Des avantages aussi marqués résultèrent de la forme des ruches, de celle de l'abeiller, de son exposition, des procédés que je mis en usage aux époques les plus intéressantes des opérations des Abeilles, des soins assidus que je leur donnai dans tous les temps, et des mesures particulières que je pris pour la conservation des ruches pendant l'hiver.

Telles sont les bases sur lesquelles repose la méthode que j'ai établie. Si les amateurs d'Abeilles desirent l'adopter, ils en trouveront les détails et le développement dans l'ouvrage que je présente au public. Je ne l'annonce pas comme un complément d'éducation ; il faudroit pour qu'il méritât ce titre, qu'il en embrassât toutes les parties ; et ce travail est audessus de mes forces. Je me suis seulement attaché à démontrer de quelle utilité peuvent devenir mes observations et mes expériences pour fixer enfin l'opinion sur les véritables causes des travaux des Abeilles, et en retirer les avantages qui découleront nécessairement du nouvel ordre que je propose, s'il est entendu et dirigé conformément à l'état physique et moral des Abeilles, qui, obligées de vivre en famille, ne peuvent espérer de prospérité, ni se rendre florissantes que par la sagesse des lois de leur société, et le concours unanime de ses membres à en assurer l'exécution. C'est de ces connoissances-pratiques et de celles de l'influence des climats sur des êtres auxquels les moindres impressions de l'air peuvent être funestes, qu'on parviendra à reconnoître quel est le régime le plus susceptible de perfection.

Ai-je atteint ce but si désiré? Je n'ai pas la présomption de le croire; mais j'ai la certitude que celui qui s'appliquera à perfectionner cette méthode que je conseille, aura un abeiller très-productif. L'expérience de tous les jours me confirme que si j'ai eu des succès, d'autres plus instruits en obtiendront de plus grands encore. L'histoire des insectes, et principalement celle des Abeilles, offre un vaste champ de méditations aux personnes qui, par goût, se livreront à la recherche de la vérité. En suivant la carrière que je viens d'ouvrir, je ne doute point qu'elles ne fassent les découvertes les plus précieuses et les plus utiles, et qu'éclairées par de nouveaux traits de lumières, elles ne mettent la dernière main à l'éducation des Abeilles que mes foibles essais n'ont fait qu'ébaucher. Il me restera alors la récompense bien flatteuse d'avoir indiqué la véritable route qu'il faut suivre et que je n'ai pu qu'entrevoir.

MÉTHODE

MÉTHODE
AVANTAGEUSE
DE GOUVERNER
LES ABEILLES,

Fondée sur de nouvelles observations et de nouvelles expériences.

CHAPITRE PREMIER.

Les Abeilles tiennent le premier rang parmi les insectes! Destinées par la nature à vivre en société, et forcées d'employer le rassemblement d'un très-grand nombre d'individus, pour procurer l'existence aux générations futures, elles sont tenues à des travaux très-compliqués, qui varient, se multiplient et se renouvellent suivant les climats où elles se trouvent, et suivant l'abondance des plantes qui leur conviennent. La nature ne leur fournissant que la matière première, il faut que leur industrie la prépare et la rende propre à être mise en œuvre. Voyons, comment elles s'y prennent, principalement dans les régions où la longueur des hivers et l'âpreté des frimats contrarient trop la délicatesse de leur constitution.

Tous les animaux cherchent à conserver et à perpétuer leur espèce. Chaque genre satisfait à ce penchant par tous les moyens que comporte son organisation. Dans les insectes ces moyens se développent avec autant d'énergie que de variété. Les Abeilles sur-tout, dont la génération dépend du concours des individus même qui n'ont point de sexe, sont obligées de construire des édifices propres à renfermer les germes précieux qu'elles sont chargées de nourrir, d'élever, de maintenir dans une température convenable à leur développement. Delà, résultent des travaux pénibles et continus, mais exécutés avec tant de sagesse, tant d'intelligence et tant d'harmonie, que l'observateur ne peut s'empêcher de leur accorder une supériorité marquée sur les autres animaux.

Les Abeilles manqueroient leur but principal, celui de la propagation de leur espèce, si elles n'étoient aidées par des moyens particuliers qui, dans les pays sujets aux frimats, les mettent à l'abri des rigueurs de l'hiver, et suppléent au peu d'intensité de la chaleur atmosphérique dans le temps de la ponte. Ces moyens consistent dans l'art de tirer du miel même une chaleur toujours relative à leurs besoins.

Le miel formé des sucs les plus épurés des plantes, est gras, huileux et contient de l'air fixe, et même de l'air inflammable (1). L'espèce d'âcreté qui succède immédiatement à sa saveur douce et sucrée, ne laisse aucun doute sur la présence de ce dernier principe; mais il est bien plus abondant au printemps qu'en été ou en automne, et plus actif dans de certaines fleurs que dans d'autres. Les Abeilles qui sentent le besoin de ces deux principes, vont les puiser dans leurs nectaires où ils se trouvent combinés avec les sucs mielleux. Ces sucs précieux apportés à la ruche, après avoir éprouvé une sorte de préparation dans le premier estomac de l'Abeille, entrent en fermentation et font naître une masse de chaleur qui pénètre jusqu'au fond des alvéoles (2). Réagissant ensuite dans toutes

---

(1) Le miel, même après l'évaporation de ses principes, ne gèle jamais; il ne fait que prendre une consistance plus ferme.

(2) Je compare l'état d'une ruche nouvellement approvisionnée de miel, à l'état d'une cuve en fermentation. Je n'entrerai pas dans le détail des causes qui opèrent le développement des principes fermentescibles de l'une et de l'autre: ces causes sont connues et clairement expliquées dans nombre d'ouvrages; mais je dirai que ce sont les mêmes principes mis en action par les mêmes agens, et qu'il en résulte les mêmes effets; c'est-à-dire, une chaleur à-peu-près égale dans toutes deux, avec la différence bien remarquable que la cuve ne la conserve que peu de jours, et la ruche plus de six mois; différence uniquement due à l'industrie des Abeilles. Je regarde les cellules où elles déposent leurs récoltes comme autant de petites cuves où elles peuvent,

les parties de la ruche, elle augmente ou diminue d'intensité en raison du nombre de mouches et du degré de la chaleur atmosphérique.

Sans le secours de ces agens actifs et puissans, les Abeilles ne pourroient se conserver, ni se reproduire dans les climats sur-tout où le changement des saisons occcasionne trop d'inégalités dans la température. Nous ne voyons rien de semblable dans les autres insectes connus, même dans ceux qui, comme elles, vivent en famille. Leur industrie n'est agissante qu'à l'aide de la chaleur atmosphérique, et s'anéantit au moment où le soleil cesse d'échauffer nos climats.

Il paroît donc certain que les Abeilles doivent leur conservation, leur régénération même, à une chaleur particulière indépendante de celle de l'atmosphère; chaleur à laquelle elles donnent naissance par leur industrie et leurs talens. S'il pouvoit rester encore quelques doutes, voici deux expériences qui me semblent propres à les dissiper.

Je soupçonnois depuis longtemps l'existence de cette chaleur, lorsque l'idée me vint d'en connoître

---

quand il leur plait, établir une fermentation générale ou seulement locale. Elle est générale lors de la ponte; elle devient locale hors de ce temps. C'est dans la manière de disposer les cellules, dans le choix et le placement des sucs qui contiennent en plus grande abondance les principes effervescens, qu'elles entendent merveilleusement l'art d'exciter, modérer ou arrêter l'activité de ces principes.

l'effet sur les mouches, en submergeant une ruche que je savois être très-pleine, et conséquemment très-échauffée. Je fis cette opération sur les quatre heures du soir au mois de septembre, par un temps couvert et assez frais. Après avoir rendu, par cette submersion, les Abeilles froides et immobiles, je renversai un instant la ruche, pour faire sortir l'eau qui pouvoit être dans les cellules ; et prenant toutes les précautions nécessaires pour ne pas endommager les gâteaux, j'introduisis la main dans le fond de la ruche, où je sentis une chaleur considérable que l'eau n'avoit point affoiblie. L'ayant fait égoutter quelques minutes, je la reportai à l'abeiller, et la laissai tranquille jusqu'au lendemain que je la visitai. Je craignois d'avoir porté la mort dans cette ruche, lorsqu'en m'approchant, je fus fort étonné d'entendre des bourdonnemens qui m'annoncèrent un retour à la vie. Impatient de voir ce qui s'y passoit, je la soulevai doucement, et j'en trouvai toutes les parties saines, à l'exception de quelques traces d'humidité qui paroissoient encore dans la partie inférieure. Toutes les Abeilles étoient ranimées et en état d'aller aux champs, où elles ne tardèrent pas à retourner. Cette opération n'avoit point ralenti leur activité ordinaire.

Je ne m'en tins pas à cette première expérience ; mais je la répétai d'une autre manière et sur une ruche également peuplée. Je choisis un jour chaud et un temps abondant en récoltes. Après avoir submergé les mouches de celle-ci, en suivant le même procédé que pour la précédente, et les avoir réduites au même état, au lieu de les laisser dans leur panier, je les transportai dans un autre, où je savois qu'il n'y avoit absolument que de la cire. Le résultat fut bien différent : loin d'être rétablies et pleines de vigueur, elles étoient étendues sur la table et absolument sans mouvement (1).

Cette chaleur factice se fait encore remarquer principalement quand les Abeilles travaillent à de

---

(1) Ce mémoire fut présenté en 1790, à la ci-devant société d'agriculture de Paris. Lorsqu'elle en eut pris connoissance, et qu'elle eut senti tout l'avantage qu'on pouvoit retirer d'un fait qui tendoit à fixer l'opinion sur la véritable destination du miel, elle voulut s'en assurer positivement, en le faisant vérifier par des commissaires pris dans le sein de la société d'émulation de Bourg, et dirigea son choix sur les citoyens Bohan et Varenne-Fenille (les sciences pleurent encore la perte du dernier).

Ces deux commissaires s'étant rendus chez moi à un jour convenu, la même expérience fut renouvelée et répétée en leur présence avec un égal succès. Sur leur rapport et sur le compte qu'ils rendirent de la bonté de ma méthode, la société d'agriculture m'honora du titre de son correspondant ; elle se disposoit même à faire imprimer cet ouvrage à ses frais, lorsque la révolution vint arrêter le cours de ses travaux.

Je reçus la même faveur de la société d'émulation de Bourg.

nouvelles constructions. On sait que la matière dont elles se servent est la cire. Cette substance extraite de la poussière des étamines qu'elles ramassent sur les fleurs, ne peut être mise en œuvre que lorsqu'elle est réduite en une sorte de pâte blanche et liquide. Mais avant de paroître sous cette forme elle a besoin d'être triturée, pétrie dans l'un des estomacs de l'Abeille. Lorsqu'elle est ainsi préparée, il est nécessaire, pour la maintenir dans cet état de liquidité, qu'une partie des mouches se forme en peloton, en s'accrochant les unes aux autres, de manière qu'elles puissent envelopper les ouvrières et concentrer la chaleur sur elles. A mesure que les cellules se fabriquent, et que le nombre en devient plus considérable, la chaleur se répandant plus généralement, le peloton s'éclaircit et se transforme en une infinité de guirlandes et de festons à travers lesquels on apperçoit les nouveaux ouvrages. Ils sont à peine finis, qu'ils prennent une consistance solide (1). D'autres mouches peuvent

(1) La cire nouvelle n'a qu'une solidité apparente. Cela est si vrai que, si on incline un peu la ruche, les gâteaux se déforment et se détachent. L'ancienne éprouveroit le même accident, s'il regnoit par-tout le même degré de chaleur, parce que les travaux des Abeilles exigent qu'elles se fixent en plus grand nombre sur de certaines parties de gâteaux, pour tenir la cire dans un état de mollesse propre à leurs vues. Le thermomètre alors ne peut-être au-dessous de 30 à 32 degrés, puisque la cire commence déjà à se ramollir sensiblement lorsqu'il est parvenu à ce terme.

alors les ratisser, les polir ; en un mot, les mettre en état de recevoir les dépôts que la mère Abeille va leur confier, ou de servir de vases pour contenir leurs provisions.

Si les Abeilles tirent tant d'avantages de cette chaleur artificielle, elles ne l'obtiennent pas sans soins et sans peines. Il leur faut d'ailleurs un art infini pour la maintenir au degré qu'exigent leurs besoins. L'on conçoit que, dans nombre de circonstances, elles doivent travailler à augmenter sa force, ou à tempérer son activité. Ces variations fréquentes exigent de leur part, une attention continuelle, une sorte de sagacité et de discernement.

Un essaim qui jette les fondemens d'une nouvelle cité, n'a pas plutôt construit les premières cellules, qu'il se dépêche d'y mettre le miel qui doit servir de foyer à la chaleur dont j'ai parlé. Celui-ci est plus limpide, plus aromathique, plus blanc et contient plus de principes fermentescibles, que le miel qui se trouve dans les parties inférieures de la ruche et en d'autres époques. Cette précaution devient d'autant plus indispensable, que les œufs étant déposés au fond des cellules, à mesure qu'elles se fabriquent, les mouches qui en doivent naître, ne pourroient passer par les différentes métamorphoses auxquelles la nature les a assujetties, sans une chaleur déterminée.

Curieux de connoître à quel degré les Abeilles

la portent, pour que le couvain puisse éclorre, je recourus à des moyens propres à m'en assurer d'une manière positive. Des thermomètres placés dans des ruches où je savois la population assez nombreuse pour être en état de donner des essaims, m'apprirent que la chaleur y est à-peu-près égale à celle qu'une poule communique à ses œufs lorsqu'elle couve (1). Le trente-deuxième degré paroît être le

---

(1) Dans un ouvrage intitulé *nouvelles Observations sur les Abeilles*, publié par François Hubert, et imprimé à Genève en 1792, je trouve à la page 361, une note dans laquelle l'auteur critique mes observations thermométriques. Il pose en fait que je prétends que les vers ne peuvent éclorre qu'au 32.e de Réaumur. Il dit ensuite qu'il a fait bien souvent cette expérience avec les thermomètres les plus exacts, et qu'il a eu un résultat fort différent; que le terme de 32 est si peu celui qui convient aux œufs, que lorsque le thermomètre l'indique dans les ruches, la chaleur devient intolérable aux Abeilles, et elles sortent; qu'il présume que ce qui m'a trompé, c'est que j'aurai plongé trop brusquement mon thermomètre au milieu d'un groupe d'Abeilles, et qu'en les agitant par cette opération, j'aurai fait monter le mercure plus haut qu'il ne devoit naturellement aller; et il en conclut que si, dans ce cas, j'eusse attendu quelques momens, j'aurois vu la liqueur redescendre entre le 28 et le 29.e, qui est la température ordinaire des ruches pendant l'été, *etc.*

On voit par ce que j'expose dans le paragraphe qui donne lieu à cette note, que M. Hubert n'a pas été exactement instruit. Je n'ai pas prétendu que les vers ne peuvent éclorre

terme fixé par la nature, pour les uns comme pour les autres. S'il y a quelques variations chez les Abeilles, elles ne sont que momentanées, et dès qu'elles s'en apperçoivent, elles portent ou réduisent

---

qu'au 32.e de Réaumur. J'ai seulement dit que le 32.e paroissoit être le terme fixé par la nature pour les œufs des Abeilles comme pour ceux des poules. Quoique persuadé que ce terme est nécessaire pendant l'incubation, je ne pouvois l'assurer positivement, parce que mes expériences m'ont fait voir des variations du 28 au 30, 32.e, et quelquefois même au-delà du 33.e; mais le 32.e étoit le degré où la liqueur s'arrêtoit le plus constamment. Ces variations se faisoient remarquer quand les Abeilles rapprochoient ou éloignoient leur foyer de chaleur du thermomètre. Elles étoient bien plus sensibles et plus fréquentes dans les autres temps de l'année; principalement en hiver, où on voit assez souvent le thermomètre indiquer 20 à 25 degrés au-dessus du terme de la glace, et peu de temps après se trouver à quelques degrés au-dessous. La raison de ce petit phénomène vient de ce que, dans cette saison, les Abeilles ne peuvent occuper qu'une partie de la ruche. Si le thermomètre se trouve placé dans cette partie, on aura la chaleur vraie des mouches; mais s'il en est éloigné, on n'aura que les résultats de la température extérieure. Il en sera de même de tous les endroits inhabités de la ruche. On doit donc être en garde contre les indications du thermomètre, et les vérifier fréquemment pour obtenir un résultat certain; en un mot, l'observer comme on observe chaque jour les mouvemens du baromètre, pour ne pas prendre le change sur les pronostics qu'il annonce. C'est le seul moyen de connoître le véritable état d'une ruche.

bientôt la chaleur au degré convenable. Au reste, je ne l'ai jamais vu, dans ces circonstances essentielles, au dessous du vingt-huitième degré, et jamais au-dessus du trente-quatrième. Si elle s'écartoit de

---

J'ai suivi cette étude, et j'ai employé ce moyen pendant un an. J'avois six ruches en expérience, contenant chacune un thermomètre à bain et au mercure, comme ayant une forme plus propre à les introduire dans les ruches; et afin d'en faciliter l'entrée et la sortie, sans déranger les ouvrages des Abeilles ni troubler leurs occupations, je fis faire des étuis en bois d'un diamètre proportionné au volume des thermomètres, et parsemés de trous dans toute leur longueur, pour que la chaleur pût pénétrer plus facilement jusqu'à la liqueur. Je les introduisis après dans les ruches par le centre de la partie supérieure. Muni de cet appareil, je les visitois régulièrement chaque jour malgré l'excessive rigueur du froid qui se fit sentir dans l'hiver de 1788 à 1789, et trois fois par jour dans les autres temps de l'année. Guidé ensuite par un autre thermomètre que je tenois à côté d'elles, et qui me servoit de thermomètre de comparaison, j'écrivois soigneusement toutes les variations qui avoient lieu, soit dans mes ruches que j'avois pris soin de numéroter, soit à l'air extérieur, après avoir toutefois fait un calcul de réduction sur le thermomètre indicateur.

C'est de cette manière que j'ai fait mes expériences, et non comme le présume M. Hubert, en plongeant trop brusquement mon thermomètre au milieu d'un groupe d'Abeilles. Il n'est pas douteux que si je me fûs servi d'un pareil procédé, je n'eusse commis les erreurs dans lesquelles il suppose que je suis tombé.

Je ne sache pas que M. Hubert ait, de son côté, établi

ces deux termes, il n'est pas douteux que le couvain n'en souffrît.

Pour éviter ce malheur, les Abeilles s'occupent continuellement à échauffer ou à rafraîchir leur

---

rien de positif sur le mouvement habituel de la chaleur des ruches. Il cite seulement deux ou trois expériences qui n'instruisent que de la chaleur du moment, et non de celle qui résulte des opérations ultérieures des Abeilles. Il est vrai qu'il assure, à la fin de sa note, que la température ordinaire des ruches pendant l'été, est entre le 28 et le 29.e degré; mais il paroît qu'il n'a pas suivi bien longtemps ses observations dans cette saison, car il auroit vu varier cette température, et l'auroit trouvée quelquefois moindre après la ponte et dans les grandes chaleurs, que celle de l'atmosphère.

On peut tirer les mêmes conséquences de ses observations d'hiver qu'on trouve encore en tête de sa note, et qui lui ont présenté un produit de 24 ou 25 degrés, quoique le thermomètre fût en plein air de plusieurs au-dessous de zéro. S'il les eût étendues plus loin, il auroit remarqué des variations surprenantes dans les mouvemens du thermomètre, qui l'auroient conduit à reconnoître que les Abeilles ne possèdent individuellement aucun moyen pour retenir la chaleur, et que ne devant cependant exister que par une température à-peu-près égale à celle qui est nécessaire aux mammifères, comme s'en est aussi convaincu John Hunter, membre de la société de Londres, dans ses observations sur l'Abeille considérée sous des rapports physiologiques, elles ne pouvoient se procurer, dis-je, cette chaleur essentielle à leurs besoins, qu'en se réunissant et se portant en masse par-tout où l'opacité des rayons petite atmosphère. S'agit-il d'augmenter sa chaleur ? au lieu d'aller aux champs amasser de nouvelles provisions ; au lieu de continuer leurs travaux dans la ruche, elles abandonnent toutes leurs occupations, pour se rendre au centre et se réunir en groupe. Là, pressées les unes contre les autres, et ne faisant plus qu'un seul corps, par la réunion intime de chaque individu, elles donnent lieu à une augmentation de chaleur équivalente à celle que la poule a la faculté de produire. De sorte que, si l'on fait encore attention au même espace de temps qu'il faut, soit aux Abeilles, soit aux poulets pour éclorre, on sera forcé de regarder le procédé des premières comme une véritable incubation. Telle est la cause de cette inaction apparente qu'on a pris jusqu'ici

---

pourvus de miel leur promettoit une effervescece plus considérable de ses principes ; de sorte qu'on voit assez fréquemment le thermomètre au-dessus de 20 degrés, et quelque temps après beaucoup plus bas, et même au-dessous de zéro, suivant que la masse des Abeilles se trouve plus ou moins près de lui.

Je me résume et je dis que ce n'est que par des expériences soutenues et de longue haleine, qu'on peut porter un jugement certain sur les indications du thermomètre, et que s'il annonce l'existence d'une chaleur de 25 degrés, même par le froid le plus rigoureux, on ne doit pas être étonné que cette chaleur se trouve augmentée de six à sept degrés à l'époque de la ponte, si les Abeilles sentent qu'elle leur est nécessaire.

pour un état de repos ; quoique les Abeilles ne restent oisives que lorsqu'une température les force de discontinuer leurs travaux.

En renouvelant le sentiment de quelques auteurs, et entr'autres de Pline, sur la réalité de cette incubation, je n'ignore point que de fameux naturalistes se sont élevés contre cette idée. L'abbé Rosier, dans son dictionnaire d'agriculture, dit: « que Réaumur » et Svammerdam ont regardé cette opinion comme » une puérilité ridicule; que la forme du corps » des Abeilles ne les rend pas propres à cet office; » et que la chaleur d'une ruche reconnue plus » grande, au moyen des thermomètres, que celle » qu'une poule communique à ses œufs, étoit » suffisante pour faire éclorre ceux des Abeilles sans » d'autres secours. »

Je n'ose prononcer contre ces physiciens célèbres; mais il me semble que l'effet est pris ici pour la cause. S'il règne dans une ruche une chaleur plus forte que celle de l'air extérieur, elle vient certainement des mouches, et elle est autant due à leur industrie qu'à leur présence. Le point le plus important pour elles est de la faire naître, et alors il ne leur reste plus qu'à diriger son influence. C'est de cette manière seule que les Abeilles s'y prennent, pour couver leurs œufs, puisqu'il est incontestable que leur conformation et leur petitesse ne leur permettent pas de suivre les mêmes procédés que la poule; mais en réunissant l'effet de leur masse avec les principes fermentescibles du miel, elles acquèrent le pouvoir de porter la chaleur et la vie jusqu'au fond des alvéoles.

Ce genre d'incubation qui diffère à la vérité de l'idée qu'on s'en forme ordinairemeut, tient les Abeilles dans l'exercice continuel de leurs talens et de leur industrie. On en voit l'effet, lorsque la chaleur d'une ruche devenue trop forte, ôte à l'air raréfié une partie de son ressort. Bientôt averties du danger, elles cherchént d'abord à diminuer leur nombre considérablement augmenté par celles qui naissent chaque jour. Dans ce moment critique, ces dernières sortent en foule et viennent se répandre autour de la ruche, ou se grouper à son entrée. Elles y restent immobiles jusqu'à ce que le moment de leur émigration arrive, ou que la température de l'air extérieur devienne plus fraîche. Si ce moyen ne suffit pas, les Abeilles établissent des ventilateurs sur tous les points où il convient d'en placer. Ces ventilateurs, ce sont les mouches elles-mêmes qui les forment; dès le moment qu'elles en sentent l'indispensable besoin, elles commencent par se diviser et se répartir dans toutes les parties libres de la ruche : là, se cramponnant, soit contre ses parois, soit sur les gâteaux, soit sur la table, elles agitent leurs ailes avec une rapidité que l'œil peut à peine appercevoir. Ces mouvemens d'ailes multipliés par des milliers de mouches, frappant l'air de toute part, lui rendent bientôt son élasticité et le rafraîchissent au degré convenable.

Les Abeilles ont donc la faculté de tempérer la chaleur, comme elles ont celle de l'augmenter. Mais une observation qui tend à jeter un nouveau jour sur l'histoire de ces insectes, a besoin d'être etayée de faits qu'on ne puisse révoquer en doute.

J'ai fait faire des ruches vitrées dans lesquelles, comme je l'ai dit, j'ai introduit des thermomètres. Ces ruches sont placées dans un abeiller situé au midi, et qui est construit de manière que je puis leur donner ou leur ôter le soleil à volonté. Un jour d'été que je cherchois à pénétrer les motifs de ces batteuses d'ailes, en les examinant à travers la vitre, je m'apperçus que le côté par lequel je les regardois, étant exposé aux rayons d'un soleil très-ardent, le nombre des mouches en mouvement devenoit plus considérable. Soupçonnant alors que leur but pouvoit être de chercher à rafraîchir l'air de la ruche, au lieu de vouloir le réchauffer, comme Réaumur lui-même en avoit paru persuadé, je cherchai, de mon côté, à augmenter l'intensité de la chaleur, en présentant autant que je le pus, toutes les faces de la ruche à l'action du soleil, et je parvins à faire monter le thermomètre du 36 au 38.e degré. Cette épreuve me réussit parfaitement. Les mouches qui étoient restées dans le repos, se

sentant

sentant, pour ainsi dire, suffoquées de chaleur, se mirent à battre de l'aile de toutes leurs forces, et firent exactement l'office de ventilateurs. Voulant savoir ensuite si, en donnant de la fraîcheur à la ruche, les ventilateurs diminueroient, je la soulevai d'un pouce pour faire entrer un air nouveau; j'en fermai les volets, et lui ôtai totalement le soleil. Au bout de quelques minutes, les ventilateurs disparurent en grande partie, et les mouches purent reprendre leurs fonctions ordinaires. J'ai répété nombre de fois cette expérience, et toujours avec le même succès.

Il paroît par tout ce que je viens de rapporter, qu'il ne doit plus rester de doute sur la réalité d'une véritable incubation; que les Abeilles savent entretenir une chaleur déterminée, absolument nécessaire pour opérer la naissance des jeunes mouches; et que cette chaleur ne peut agir d'une manière efficace que lorsqu'elle est rapprochée du 30 ou 32.e degré, dont elle m'a toujours semblé ne s'écarter que très-peu, quelque changement qu'ait éprouvé l'air atmosphérique.

CHAPITRE II.

Des occupations des Abeilles après la ponte, et de leurs dispositions pour se préserver du froid.

Lorsque la chaleur brûlante de l'été succède à la chaleur modérée du printemps, on ne la voit pas sans surprise diminuer sensiblement dans les ruches. Cela se remarque principalement en messidor et thermidor (juillet); c'est alors que l'active industrie des Abeilles se développe plus particulièrement. Les ventilateurs dont il a été question ne leur suffisant pas pour rafraîchir l'air de la ruche, elles prennent le parti de détruire les causes de la première chaleur, en enlevant le miel des cellules, ou en n'en laissant qu'une petite quantité incapable d'entrer en fermentation. Elles ont même l'attention de le recouvrir d'une pellicule de cire, afin qu'il ne se trouve pas en contact avec l'air intérieur. Les ruches, à cette époque, sont quelquefois si désertes et si dégarnies de provisions, qu'on n'est pas sans inquiétude sur leur sort. Aussi est-il d'une nécessité indispensable de les garantir des grandes chaleurs. Sans cette précaution, les Abeilles, forcées de se disperser dans la campagne, sont dévorées par des milliers d'insectes et de reptiles qui s'en nourrissent, ou surprises par des intempéries qui les font périr.

Dans les climats très-tempérés, la ponte du mois d'août répare ces pertes et met les Abeilles en nombre suffisant pour résister aux rigueurs de l'hiver. Mais il faut que les jeunes mouches aient le temps de se familiariser avec l'air extérieur pour se former une constitution plus robuste. Comme elles ne peuvent passer à l'état d'engourdissement, ni se livrer à leur activité ordinaire, sans risque de la vie, elles ont à la fois à se prémunir contre les impressions du froid et contre les effets d'une chaleur qui surviendroit à contre-temps. Averties dès la fin d'août par la fraîcheur des nuits, elles profitent des instans précieux d'une belle journée pour remplir leurs cellules de miel, parce qu'elles savent qu'elles lui devront leur salut. Mais comme les principes qu'il contient ne doivent agir que relativement à la vie passive à laquelle elles vont être condamnées, et dont elles ignorent la durée, elles recouvrent ces cellules d'une pellicule de cire pour empêcher que la fermentation excite dans la ruche une chaleur trop active qui leur sera désormais inutile ou dangereuse.

Quoique dans les années abondantes tous les alvéoles soient pleins de miel, les Abeilles n'en laissent cependant, à l'approche de l'hiver, que dans les endroits qu'elles doivent occuper, à moins qu'un froid subit ne les arrête. La partie inférieure des gâteaux se dégarnit visiblement, et bientôt il ne reste plus que la cire. Qu'on ne se persuade pas que ce soit la faim qui les force d'abord à vider ces cellules, je ferai voir que ce sentiment est fort douteux chez elles. Elles ont un autre motif d'où dépend en grande partie leur conservation. En effet, les gâteaux ayant par-tout une pesanteur égale, seroient entraînés par leur propre poids, lorsque les Abeilles, obligées de se réunir dans leurs intervalles, en auroient ramolli les attaches par leur chaleur. D'ailleurs, le miel, par un trop long séjour dans des cellules isolées, se décomposeroit et communiqueroit à la ruche une odeur et une humidité qui deviendroient par la suite fatales aux mouches. Ce que je dis de l'extrémité inférieure des gâteaux, a lieu pour toutes les parties qui sont à quelque distance du centre. Les Abeilles n'y laissent jamais de miel, lorsqu'elles ont la liberté de l'enlever.

En 1788, leurs provisions furent abondantes, et le temps constamment assez chaud jusqu'au commencement de novembre; mais le froid survenant tout-à-coup à cette époque, les mouches de quelques ruches n'eurent pas le temps de débarrasser les cellules inutiles. Pendant qu'elles étoient forcées de rester amoncelées, plusieurs rayons se détachèrent et entraînèrent avec eux la plus grande partie des mouches qui furent étouffées sous ces débris. Celles qui survécurent à cet accident, périrent aussi peu de temps après par le défaut d'air. Toutes les autres ruches dont la construction n'avoit pas été dérangée, supportèrent parfaitement le terrible hiver qui suivit. Il fallut seulement veiller à en renouveler l'air, et à faciliter l'écoulement de l'humidité qui est abondante dans les dégels.

Il est donc nécessaire que les gâteaux qui ne peuvent être, si je puis me servir de cette expression, vivifiés par la présence des Abeilles, et le bas de ceux auxquels elles doivent s'accrocher, soient dépouillés de miel. Il faut encore que l'ouverture des cellules qui contienneut celui qu'elles veulent conserver, soit exactement fermée. J'en ai dit la raison.

Examinons actuellement la série de leurs dispositions pour arriver au terme qui doit les mettre à l'abri de tout danger pendant l'hiver. Peut-être mes observations serviront-elles à éclairer sur la véritable manière d'hiverner les ruches, et sur les moyens d'en sauver un grand nombre qu'on ne perd que par des soins malentendus. La persuasion où l'on est, que le froid engourdit réellement les Abeilles, a jeté dans des erreurs qui ont souvent causé la perte d'une multitude de ruches.

Tous les insectes disparoissent à l'entrée de l'hiver. La plupart de ceux dont les facultés ne peuvent se développer qu'à l'aide de la chaleur atmosphérique, meurent après avoir laissé leur postérité dans des enveloppes ou des coques. Quelques espèces éclosent avant l'hiver et se tiennent renfermées dans ces enveloppes jusqu'au printemps; comme nous l'observons dans la classe immense des chenilles et des araignées. D'autres, dont les générations dépendent de la conservation des individus qui doivent les renouveler, se logent dans la terre, dans des trous de mur, ou des fentes où ils restent engourdis; telles sont les mouches communes. D'autres, vivant même en société, comme les fourmis, sont obligés de se concentrer dans leurs magasins où ils demeurent également engourdis.

Toujours en contraste avec les autres insectes, les Abeilles non-seulement ne meurent pas, mais elles savent encore se ménager assez de forces pour ne pas tomber dans un engourdissement qui entraîneroit infailliblement leur perte. L'incubation de la seconde ponte n'a pas plutôt cessé, qu'on voit la liqueur du thermomètre descendre au-dessous du trentième degré, et se fixer aux environs du vingtième qui paroît suffire pour défendre les ruches contre les atteintes de la gelée. Ce terme une fois établi, les Abeilles s'attachent à le maintenir, quelque excessif que soit le froid, à moins qu'elles ne soient directement exposées à son contact. Je vais citer à ce sujet une observation bien importante.

Personne ne contestera la violence du froid de 1789. Cependant les Abeilles de deux ruches vitrées qui servent ordinairement à mes expériences, et dont les verres ne sont garantis que par de simples volets en lambris de sapin (1), résistèrent à ce

(1) Ces volets sont encore nécessaires en été pour em-

froid extrême; l'une dont la base est de neuf pouces en carré, sur un pied de hauteur mesurée en dedans, étoit placée dans mon abeiller; l'autre qui n'a que la moitié de cette largeur, avec la même hauteur, fut mise dans une espèce de serre où, malgré mes précautions, le froid se fit sentir à douze degrés au-dessous de zéro, huit degrés au-dessus de celui de l'air extérieur. Je recourus au thermomètre que je tenois dans cette petite ruche, et je ne fus pas peu surpris de voir la liqueur à cinq degrés au-dessous du terme de la glace. Inquiet sur le sort de mes mouches, j'examinai l'intérieur de la ruche à travers la vitre, et je vis clairement la cause d'une aussi grande différence entre cette température et celle des jours précédens. Les Abeilles avoient quitté les environs du thermomètre, et s'étoient réfugiées entre les gâteaux de l'extrémité supérieure sur le devant de la ruche; mais elles étoient bien portantes et très-vives. Les autres parties chargées des vapeurs qui, dans les temps ordinaires, s'exhalent de l'endroit qu'habitent les Abeilles, étoient glacées. La glace s'étoit même étendue au point de ne laisser que quelques lignes d'intervalle entre elle

---

pêcher la formation des brouillards qui s'élèvent dans la ruche lorsque le verre est en contact immédiat avec l'air extérieur; inconvénient qui n'avoit pas été prévu par quelques observateurs, et qu'il est facile d'éviter, en tenant les volets fermés hors les temps d'observations.

et les mouches. Mais comme si elle eût respecté leur asyle, elle s'étoit brusquement arrêtée, et formoit exactement une ligne de circonvallation autour d'elles. La partie inférieure de la ruche présentoit un autre phénomène : comme elle étoit soulevée d'un pouce, et un peu inclinée sur le devant, afin de favoriser l'issue de ces vapeurs qui, dans les temps doux, s'écoulent habituellement, l'entrée étoit obstruée de ces mêmes vapeurs converties en glace, et sous la forme de ces glaçons qui pendent des toits.

La ruche que j'avois laissée à l'abeiller, conserva le degré de chaleur que j'y trouvois ordinairement. Je n'en fus pas étonné : elle étoit double en grandeur, plus forte en population, et plus riche en provisions. En conséquence, les Abeilles, quoique entourées d'une couronne de glace comme celles de l'autre, n'eurent pas besoin de se retirer dans une place plus chaude que celle qui avoisinoit le thermomètre.

Les Abeilles se meuvent donc ou restent dans l'inaction, se resserrent ou se dispersent, suivant l'impression que l'air fait sur elles. Dans la belle saison et tant que la campagne leur offre des matériaux, elles construisent, nourrissent leurs petits, et remplissent les cellules de miel, à mesure que les mouches éclosent. Un air froid se fait-il sentir, la végétation se trouve-t-elle arrêtée, elles suspendent les travaux du dehors. Si l'air n'est que froid, elles peuvent encore parcourir librement toutes les parties de la ruche, et se livrer aux occupations du moment. C'est ce qui arrive ordinairement au commencement de vendémiaire (fin de septembre).

Dans le mois suivant, les nuits plus longues, les matinées plus froides contraignent les Abeilles de se resserrer davantage, et de se tenir en masse. C'est d'abord vers la partie inférieure des rayons qu'elles commencent à se fixer. Dans cette position forcée, le régime de la ruche est suspendu, les ateliers sont déserts et les portes sans défense. Leurs ennemis, sûrs d'exercer impunément leurs ravages, y entrent hardiment et dévastent les cellules. De ce nombre, sont les guêpes qui, nées avec une constitution plus robuste que les Abeilles, conservent la faculté de voler jusqu'au mois de brumaire (novembre). Le désordre ne cesse que lorsqu'un soleil brillant et chaud rappelle celles-ci au travail; encore n'est-ce que pour quelques heures. Elles en profitent cependant pour achever leurs préparatifs et débarrasser la ruche des avortons qui peuvent être restés dans les alvéoles.

Leur situation est encore plus affligeante dans les mois suivans. Elles ont à combattre les funestes effets du froid et ceux d'une chaleur inattendue qui les rappelleroit malheureusement à leur vie active. Dans le premier cas, si le miel est en trop petite quantité, il ne leur est plus possible de tirer parti de cette substance dont l'action est toujours proportionnée à la masse. Mais s'il est en quantité suffisante, elles peuvent braver les hivers les plus rigoureux. Dans le second cas, la provision de miel diminue toutes les fois que l'air se radoucit, et qu'on a l'imprudence de laisser les ruches exposées aux rayons du soleil. Les Abeilles séduites par ces apparences de beau temps, et n'ayant en vue que de tenir les cellules prêtes pour la ponte qu'elles croient prochaine, s'empressent à en enlever le miel. Travail qu'elles cessent ou reprennent selon les degrés de température.

La faculté de se mouvoir dans un temps où les autres insectes sont réellement engourdis, est donc uniquement due à l'industrie des Abeilles. Je dirai plus: sans cette faculté, comment mettroient-elles en action les principes du miel qui leur sont d'un si grand secours? Voyons-les dans le nord, où le froid pénètre à de grandes profondeurs, et fait éclater des arbres d'un diamètre considérable. Pourroient-elles se conserver pendant sept à huit mois de glace, si elles n'avoient aucun moyen de s'en garantir, elles dont la constitution si délicate ne peut supporter le contact du froid le plus médiocre? Cependant elles vivent dans ces climats; elles y sont même plus multipliées que sous des latitudes plus douces. Ne doit-on pas en conclure qu'elles ne s'y conservent que parce qu'elles n'y ressentent jamais de chaleur momentanée. Une fois concentrées entre leurs gâteaux chargés de miel, elles ne sont excitées à quitter leur position que lorsque les frimats disparoissent tout-à-fait, et que la terre commence à se parer de verdure. Dans ces régions, les Abeilles n'ont point à craindre les vicissitudes de nos printemps, et la chaleur qui succède subitement au froid, règne sans interruption jusqu'aux approches de l'hiver.

Veut-on avoir d'autres preuves des moyens préservatifs des Abeilles ? nous les trouverons en France comme dans le nord. Les ruches de nos campagnes, presque toutes exposées au soleil levant, assises sur de mauvaises planches, battues du vent nord-est, vent le plus froid de nos contrées, souvent mal assemblées, mal clouées ou faites de bois vermoulu, ont pourtant mieux passé l'hiver de 1789 que des ruches en paille, infiniment plus chaudes et mieux entretenues. En visitant quelques-unes de celles-ci qui avoient péri, il fut aisé de voir que le défaut d'air avoit causé leur perte. Les gâteaux et les mouches étoient surchargés de moisissures.

A la fin de janvier de la même année 1789, je vis au milieu des carreaux d'un jardin, des ruches à la Palteau qui, comme on sait, sont composées de quelques hausses placées les unes sur les autres, et recouvertes d'une grande boîte qui a un toit pour l'écoulement des eaux. Ces ruches étoient sans abri, sans autre appui que quelques piquets qui les tenoient élevées à 15 ou 18 pouces au-dessus du sol. Je m'en approchai, et frappant légèrement du doigt contre les parois des boîtes, j'entendis assez de bruit pour être rassuré sur le sort de leurs habitans. Est-il possible de présumer que dans une pareille position, la gelée n'eût pas pénétré jusqu'aux Abeilles, si elles n'avoient eu le pouvoir de l'arrêter ?

Non, je le répète : les Abeilles ne peuvent sans périr, rester même peu de jours, dans un véritable engourdissement. Comme elles ne doivent exister qu'à l'aide d'une certaine chaleur, elles ne sont pas préparées par la nature à supporter cet état de mort apparente à laquelle résistent les insectes dont la vie doit se prolonger au-delà de l'hiver. Ceux-ci sont organisés de manière que le froid peut pénétrer jusqu'aux sources de la vie, sans en éteindre le principe. Plusieurs espèces, tous les reptiles, et même quelques quadrupèdes nous en offrent la preuve. Ils tombent dans un engourdissement si grand qu'il intercepte toutes leurs facultés, en arrêtant le cours des fluides. En un mot, cet état paroît si près de la mort, qu'il seroit facile de s'y tromper si l'on n'en connoissoit la cause.

On ne voit rien de semblable chez les Abeilles ; à moins qu'on ne les considère individuellement et hors de l'air chaud qui les environne lorsqu'elles sont réunies en masse. Il est certain que celles qui ont le malheur de se trouver séparées de leurs compagnes, au moment que l'air ambiant est au-dessous de la température qui leur convient, tombent dans un engourdissement réel. Il est certain aussi qu'il est bientôt suivi de la mort, si une heureuse révolution dans l'atmosphère ne rétablit promptement en elles la circulation. C'est le cas d'un voyageur surpris par le froid et privé de tout secours. Mais lorsque les mouches rassemblées en peloton se sont enveloppées de la chaleur qu'elles ont su se ménager, non seulement elles ne succombent pas sous les atteintes du froid, mais elles conservent encore assez de forces pour entretenir la liberté de leurs mouvemens et pouvoir se porter en masse d'une partie de la ruche dans une autre. Si le froid augmente, on entend un bourdonnement plus fort, et j'ai toujours vu le thermomètre s'élever de quelques degrés en pareille circonstance. Le temps devient-il plus doux, le thermomètre descend, les mouches se tiennent moins serrées, et leur groupe prend un volume plus étendu ; il s'éclaircit davantage, si la chaleur acquiert de la force, et étend sa sphère d'activité. Enfin, dans quelque temps que ce soit, la ruche étant construite comme il convient, les mouches sont toujours libres d'en parcourir quelques parties, pourvu qu'elles ne s'éloignent pas à une trop grande distance du centre qu'elles occupent, et qu'elles puissent encore sentir l'influence de la chaleur qui doit les entretenir dans cet état de vie sédentaire. Il est aisé de vérifier ce fait, en excitant un petit ébranlement dans la ruche ; les mouches toujours inquiètes sur ces mouvemens extraordinaires ne manquent pas de se porter avec promptitude sur les points qu'elles croient menacés. Mais si elles ont le malheur de trop s'écarter, et d'être saisies par un froid subit, leurs membres s'engourdissent véritablement, et une mort assurée est la suite de leur imprudence.

Quoique les Abeilles aient le pouvoir d'agir pendant l'hiver, elles n'en font presque jamais d'usage. Elles connoissent trop le danger de se disperser, et elles se gardent bien de faire le moindre mouvement qui les éloigneroit de leurs compagnes, à moins qu'elles n'y soient forcées par quelques causes particulières. L'action du soleil, par exemple, est une de celles qu'elles ont le plus d'intérêt d'éviter. Dans l'état de liberté, elles se placent ordinairement dans des endroits qui les soustraient à ses premières influences. J'ai vu plusieurs de leurs retraites ; toutes m'ont paru ombragées et disposées de manière à ne laisser pénétrer la chaleur que quand elle est devenue forte et constante. Mais, obligées dans l'état de domesticité de rester où elles ont été placées, le moindre rayon de cet astre réveille leur activité, si l'on n'a pris la précaution de les dérober à son aspect.

Les Abeilles domestiques courent encore un autre danger qui entraîne la perte d'un nombre immense de ruches, et dont la cause est généralement attribuée à l'effet de la gelée. Pourrai-je me flatter de dissiper cette erreur, en démontrant que ce n'est pas de l'impression du froid que vient ce désastre, mais de l'humidité occasionnée par la chaleur des ruches! Cette humidité est le résultat des vapeurs qui émanent du lieu qu'habitent les mouches. L'on voit ici en petit ce que nous offre le phénomène de la rosée sur la terre. Une ruche a aussi son atmosphère dans laquelle les vapeurs se volatilisent et se dissipent, ou se condensent et se glacent. Elle se volatilisent toutes les fois que la température extérieure permet aux Abeilles de retourner sans risque au travail; alors l'objet de leur activité est de répandre une chaleur forte et égale pour prévenir la condensation. Elles se dissipent toutes les fois que l'air extérieur se trouve en équilibre avec l'air de la ruche; et elles se condensent, si l'équilibre est rompu. Tant que l'air atmosphérique n'est pas au-dessous de la congélation, les vapeurs de la ruche se résolvent en petites gouttes, tombent et s'échappent par quelque ouverture. Examinez une ruche convenablement peuplée, en germinal (avril), dans un beau jour, dont la matinée cependant a été fraîche, vous verrez l'eau couler abondamment par les interstices qui la séparent de la table, et ne disparoître que quand l'équilibre sera rétabli entre la chaleur de l'atmosphère et celle de la terre. Mais lorsque le froid est assez considérable pour pénétrer dans les ruches, les vapeurs condensées se glacent, leur volume s'accroît par les dépôts successifs de celles qui se forment journellement, et s'étend jusqu'aux confins de la région chaude dans laquelle se tiennent les Abeilles. Le dégel survient-il, les glaces accumulées se fondent; si l'eau qui en découle ne trouve pas d'issue, les gâteaux et les parois de la ruche se pénètrent d'humidité, et bientôt se couvrent de moisissures. L'air qui manque de ressort n'étant plus respirable, les Abeilles tombent (1) suffoquées et périssent misérablement.

---

(1) Il est essentiel de se rappeler que je n'entends parler ici que des Abeilles domestiques. Celles qui ont eu le choix de leur position ne redoutent pas ces sortes d'accidens. Concentrées au fond des forêts dans quelques creux d'arbres, ou logées dans quelques fentes de mur, les vapeurs ne peuvent s'y former comme dans nos ruches qui, à notre gré, ne sont jamais assez pleines. Au lieu que les cavités qui leur servent de retraite ayant des prolongemens dont manquent les nôtres, les Abeilles ne sont pas exposées au méphitisme d'un air trop resserré et qui ne peut se renouveler. S'il s'y forme des vapeurs, ce que je

Telle est une des grandes causes de dépopulation, principalement à la sortie de l'hiver. J'ignore à quel terme les Abeilles doivent succomber aux attaques de la gelée ; je les ai vues supporter un froid de vingt degrés même sans en paroître incommodées. Mais il est certain que l'humidité leur devient funeste, quand on a l'imprudence de les y laisser vivre. Bien loin que le froid leur soit nuisible, il leur est au contraire avantageux ; il arrête l'activité de leurs mouvemens, et les tient dans une inaction totale. L'on sent que pendant la durée de cet état, il leur est impossible de prendre de la nourriture. Je crois même que celle qu'elles pourroient tirer du miel leur est toujours indifférente. Si on les voit après l'hiver recourir à cette substance, c'est que ne la considérant plus que comme une matière inutile, en ce qu'elle a perdu la plus grande partie de ses principes, elles n'ont pas d'autre moyen de la retirer des cellules, que celui de l'avaler. Elles

---

ne crois pas, elles coulent au fond de la cavité, et rien de plus.

Je voudrois donc qu'à l'imitation des Abeilles sauvages, nos ruches eussent des prolongemens en bois pendant l'hiver qui seroient dans la forme des hausses à la Palteau, à-peu-près de deux pouces de largeur et de la dimension des ruches, dans chaque côté desquels on pratiqueroit nombre de petits trous de trois ou quatre lignes de diamètre seulement pour établir un courant d'air.

la rendent peu après par l'anus en diarrhée. Preuve évidente que leur estomac n'est pas fait pour la digérer (1). Cette assertion, au premier coup d'œil, paroîtra peut-être un paradoxe ; mais je prie le lecteur de ne pas prononcer qu'il n'ait médité les observations que j'ai à lui présenter.

Les insectes naissent généralement foibles, petits, et par conséquent ont besoin de nourriture pour prendre de l'accroissement et des forces. Doués de plus de la faculté de se reproduire, ils ont dans une âge plus avancé des pertes à réparer. Il n'en est pas ainsi des Abeilles ouvrières. Aussi surprenantes dans leur manière de naître que dans l'exercice de leurs talens, elles prennent leur accroissement avant de voir le jour, et sortent de leurs cellules avec la forme et la grandeur qu'elles auront toujours. C'est à cette première époque de leur existence qu'elles subissent leurs métamorphoses ! D'abord larves, ensuite nymphes et enfin mouches parfaites. Les larves entourées d'abondantes provisions, se nourrissent, croissent et se développent dans l'espace de dix à douze jours. Après ce terme, elles se transforment en nymphes. Toute nourriture alors est supprimée, et l'ouverture des alvéoles est

(1) Cette particularité a persuadé différens observateurs qu'elle étoit l'effet d'une maladie contractée dans la ruche par un trop long séjour, et qui exigeoit des remèdes.

scellée. Si les Abeilles n'intervertissent pas l'ordre du développement de ces nymphes, on voit au bout de dix-huit à vingt jours, les jeunes mouches briser avec leurs dents, l'enveloppe qui les tenoit captives, abandonner leurs berceaux, et se montrer au milieu de leurs compagnes, qui les accueillent, les brossent, les promènent et leur donnent des instructions, en attendant que l'humidité de leurs aîles se soit dissipée ; de sorte qu'après quelques instans, elles sont prêtes à se livrer au travail.

Puisque les Abeilles ouvrières, avant de sortir de leurs cellules, ont pris la forme et la grandeur qu'elles doivent conserver, on voit clairement que leur manière de subsister ne peut être que différente de celle des insectes qui, ne subissant leurs métamorphoses que dans un temps plus éloigné de celui de leur naissance, doivent croître jusqu'à ce qu'ils passent à l'état de nymphes ou de chrysalides, et conséquemment ont un besoin indispensable d'alimens.

Si l'on considère les ouvrières sous une autre face, on verra que des amas de provisions leur sont parfaitement inutiles pour leur subsistance. Pendant la belle saison leur estomac est toujours plein de miel ; ce que n'ignorent pas les frelons qui les coupent en deux pour les sucer. Mais dans le cas où la faim se feroit sentir, les fleurs ne leur offrent-elles pas de petits magasins toujours ouverts à leurs besoins, même dans les mois les plus arides. (1) En hiver, les alimens leur sont

(1) Dans la supposition où l'aridité dessécheroit ou arrêteroit le développement des fleurs, les arbres eux-mêmes offrent encore des ressources aux Abeilles. Pendant l'été, et sur-tout dans les temps les plus secs, des légions de pucerons prennent naissance sur les branches de certains arbres, et principalement du saule. Pourvus d'un aiguillon qui leur sert de suçoir, ces pucerons en extraient une liqueur qu'ils avalent, et qui après avoir passé par les organes de la digestion, devient un miel excellent. La manière dont se fait cette récolte est remarquable ; ce fut le hasard qui me la fit découvrir. Passant un jour sous une saulée qui est proche de mon abeiller, par un temps très-clair et un soleil ardent, je fus surpris d'entendre des bourdonnemens extraordinaires au-dessus de ma tête, et de voir en même temps le terrein sur lequel j'étois, très-humide, quoiqu'il n'y eût point alors de rosée. Ne sachant à quoi attribuer ce petit phénomène, je levai les yeux, et j'apperçus les branches de saule couvertes de pucerons autour desquels voloit un nombre prodigieux d'Abeilles, de mouches communes, de guêpes et même de frelons. Je m'approchai des pucerons par le moyen d'une échelle : ils étoient bruns, assez gros, serrés les uns contre les autres, la tête en bas et le ventre très-renflé, d'où partoient de temps à autre, des gouttes transparentes qui, à en juger par celles qui tombèrent sur mes lèvres, étoient de la saveur la plus sucrée. Ces déjections étant un morceau très-friand pour les Abeilles, rien n'égaloit leur ardeur à les ramasser sur les feuilles où il pouvoit en être tombé.

Boissier de Sauvages rapporte le même fait dans ses observations sur l'origine du miel, lues à l'assemblée publique de la société de Montpellier, le 16 décembre 1762.

encore moins nécessaires. Tant que le froid règne, elles sont forcées de se réunir en un peloton qu'aucun individu ne peut quitter sous peine de la vie. Ce n'est donc que lorsque la température leur permet de se répandre dans la ruche, que le besoin paroît les inviter à se gorger de miel. J'ai déjà fait observer que cette opération n'a d'autre objet que de débarrasser les cellules d'une substance qui n'a presque plus d'effervescence, et qui occupe inutilement un emplacement considérable. Je l'ai observé dans d'autres temps, et j'ai vu nombre de fois des mouches enlever le vieux miel dans le même temps que d'autres en apportoient un nouveau. Cette dernière récolte, quoique interrompue par un froid subit de quelques jours, ne diminuoit pourtant pas de volume pendant cet intervalle.

Je puis donc affirmer que, si l'on excepte la reine et les mâles, on ne verra jamais les Abeilles se remplir de miel pour satisfaire un besoin physique (1). Si elles se jettent avec avidité sur cette

(1) Quoique les Abeilles soient capables des plus longues abstinences, elles ne leur sont cependant pas particulières. Nous reconnoissons une foule d'insectes, même de ceux qui survivent à l'hiver et qui, quoique susceptibles d'accroissement, ne laissent pas que de supporter de longs jeûnes. Les chenilles processionnaires éclosent à la chûte des feuilles, et ne prennent de nourriture qu'au printemps suivant. Le citoyen Riboud, de l'Ain, a tenu des hannetons

substance, qu'on leur présente souvent imprudemment et presque toujours inutilement, ce n'est que pour la porter dans leurs magasins. Avidité bien louable, puisqu'elle tourne au profit de la société.

Il est également inutile de leur donner à boire. Les feuilles couvertes chaque jour de rosée sont autant de réservoirs où elles trouveroient abondamment à se désaltérer, si elles étoient mues par

---

renfermés dans une boîte pendant quatre mois sans leur donner aucun aliment; et cependant malgré leur voracité naturelle, ils ont parfaitement bien vécu. Cette expérience a été consignée dans les papiers publics.

Valmont de Bomare fait mention du limaçon qui demeure six à sept mois sans mouvement et sans prendre aucune nourriture, après lesquels il sort de sa coquille et va chercher de quoi réparer ses forces épuisées par le jeûne de l'hiver. Qui ne connoît d'ailleurs les expériences curieuses de Charles Bonnet sur cet animal qui, après lui avoir coupé la tête, l'a vu se reproduire au bout de quelques mois ?

Si je cherche d'autres exemples, j'en trouve dans la classe des quadrupèdes, même des plus grands. Buffon raconte » que l'ours se retire seul dans une caverne; qu'il y passe » une partie de l'hiver sans provisions, sans en sortir pen- » dant plusieurs semaines ; que cependant il n'est point en- » gourdi, ni privé de sentiment comme le loir ou la » marmotte ; mais qu'étant naturellement et excessivement » gras sur la fin de l'automne, temps auquel il se recèle, » cette abondance de graisse lui fait supporter l'abstinence ».

Combien d'autres faits je pourrois citer, même pris dans toutes les classes des animaux, si je ne croyois inutile de les multiplier.

la sensation de la soif. Mais une observation fait penser qu'un autre motif les porte vers l'eau. Elles ne recherchent point celles qui sont limpides; elles recherchent, au contraire, les mares, les eaux bourbeuses et malpropres. Vraisemblablement ces eaux corrompues qui contiennent toutes plus ou moins d'air inflammable, entrent dans la composition de leurs apprêts pour le couvain, et peut être dans celle de leur propolis. Cette conjecture paroît d'autant plus probable, qu'elles n'y recourent que pendant la ponte. Ce temps expiré, elles dédaignent toute espèce d'eau. Enfin, je m'arrête à une réflexion qui me semble sans réplique. Tous les auteurs sont persuadés que, dans certaines circonstances, il est nécessaire de nourrir les Abeilles. Frappé de cette idée, chacun prescrit sa méthode, soit pour la quantité et le genre de nourriture, soit pour la manière de les déterminer à en faire usage. Les uns conseillent des matières sucrées différemment assaisonnées; d'autres, simplement du miel. Je crois toutes ces précautions superflues, et je n'en veux d'autre preuve que la modicité des alimens qu'ils prescrivent. Peut-on supposer que la ruche la plus peuplée ne consommera que quatre à cinq livres de miel dans l'espace de six ou sept mois, si les individus qui la composent, éprouvent véritablement la sensation de la faim; tandis que toutes les fois que les mouches recourent à leurs provisions, le miel disparoît à vue d'œil et souvent tout-à-fait en moins de quarante huit heures? Ducarne de Elangy qui veut qu'on leur en donne jusqu'à huit à dix livres à la fois, n'avoue-t-il pas lui-même qu'elles ne le prennent que pour le porter et l'emmagasiner dans leurs cellules? Quoique exténuées en apparence, elles n'éprouvent donc pas une faim pressante. Je sais que dans certains départemens, il est des temps où les provisions sont rares et difficiles, et que les Abeilles sont menacées de périr, si elles s'en trouvent denuées. On se trompe sur la cause qui doit déterminer à leur en donner. Au lieu de considérer le miel comme aliment, je pense qu'on ne devroit le regarder que comme un moyen préservatif; en conséquence, je voudrois qu'on ne leur en administrât qu'après s'être assuré que les ruches en manquent absolument aux époques où l'on aura à craindre le retour d'un temps froid et pluvieux, qui les forceroit à s'ammonceler de nouveau. Cependant je dois observer que je me suis trouvé souvent dans les circonstances que je viens d'exposer, et que néanmoins je ne perds point de mouches, quoique je ne leur donne ni miel, ni matières sucrées. Mon secret est d'arrêter leur activité, avant qu'elles soient dépourvues de cette substance. Je ferai part de mes moyens, à l'article *abeiller*. Je voudrois encore que le miel fût le plus frais possible et en même temps le plus liquide, parce qu'en cet état, il contient plus de principes actifs.

CHAPITRE III.

DE LA GÉNÉRATION DES ABEILLES.

La manière dont s'opère la génération des Abeilles est encore la partie la plus obscure de leur histoire. On sait bien aujourd'hui que dans une ruche, il n'y a qu'une femelle connue sous le nom de reine, ou de mère Abeille ; que les mâles y sont au nombre de mille ou douze cents ; et que les ouvrières n'ont point de sexe, au moins visible. Les dissections faites par Svammerdam et Réaumur semblent ne pas laisser de doute sur le genre et la destination de ces trois sortes de mouches. Malgré cela, un voile épais couvre encore chez elles le mystère de la fécondation.

D'après ses observations anatomiques, Réaumur resta persuadé que les mâles possédoient exclusivement le pouvoir de féconder la femelle. Il se confirma dans cette idée, lorsqu'après avoir renfermé dans un poudrier une femelle et successivement plusieurs mâles, il en vit résulter un véritable accouplement. Quoique la mort de ces derniers suivit de près l'instant de la copulation, et qu'il eut lieu d'en soupçonner la cause, il n'osa cependant pas prononcer. Il en avoit aussi renfermé sans femelles, qu'il avoit également vu mourir. Ses observations lui apprirent encore que les mâles, après avoir resté quelques mois dans une ruche, disparoissent tous avant l'hiver; et que la reine ne pouvant être fécondée par eux dans le printemps suivant, ne laisse pas de donner le jour aux trois espèces de mouches qu'on apperçoit dans cette saison.

Il restoit une autre difficulté dont Réaumur ne parle pas : que deviennent les cadavres de ces mâles après l'accouplement ? Le nombre doit en être considérable, à en juger par la fécondité de la reine. Cependant je ne crois pas qu'on ait jamais vu les ouvrières occupées à les sortir de la ruche. Lorsqu'elles s'en défont, ce n'est jamais qu'après la ponte; et ils sont encore presque tous vivans.

D'autres naturalistes ont pensé que la fécondation s'opéroit à la manière des poissons; qu'après que la femelle a eu déposé ses œufs dans le fond des alvéoles, les mâles viennent les arroser de leur sperme. Le célèbre Bonnet, de Genêve, raconte avoir surpris un jour un faux bourdon se promenant sur les gâteaux, et secouant la partie postérieure de son corps sur l'ouverture des cellules. Il n'affirme pas l'avoir vu répandre de liqueur; mais il étoit autorisé à préjuger son intention.

M. de Brau, anglais, a observé les mêmes faits, avec la différence que les œufs étoient fécondés par des mâles d'une espèce beaucoup plus petite que les Abeilles ouvrières.

Ces sortes de mouches sont connues quoique rares; mais leur genre l'est-il de même ? Ne sont-elles pas plutôt des Abeilles communes, que le hasard a fait naître dans des cellules encore imparfaites, et dont tous les organes n'auront pu achever de se développer, par le défaut d'espace? Je suis d'autant plus porté à les mettre dans la classe de celles qui n'ont point de sexe, qu'elles sont, comme elles, armées d'un aiguillon que je n'ai jamais manqué de sentir toutes les fois que j'ai voulu les saisir sans précaution.

Malgré la diversité de ces observations, les faux bourdons étoient restés seuls en possession de la puissance fécondatrice (1), lorsque de nouvelles découvertes sont venues la leur disputer.

M. Schirac, secrétaire de la société de Lusace, a

(1) M. Hubert, dans l'ouvrage que j'ai déjà cité, annonce comme un fait positif, que la mère Abeille ne peut devenir féconde qu'après un accouplement avec un faux bourdon, et que cet accouplement ne peut s'opérer que hors de la ruche et dans les airs. Les détails qu'il donne de ses expériences sont du plus grand intérêt. J'invite ceux qui voudront juger de leur mérite et de leur importance, à recourir à l'ouvrage même.

fait voir que les ouvrières jouissent de la même faculté que les mâles ; qu'elles peuvent, dans le besoin, déterminer le sexe d'un individu, pourvu que ce soit dans les premiers jours de sa naissance, et avant le développement de ses organes. Lorsqu'il est en cet état, et qu'elles jugent nécessaire de changer son genre, elles le tirent de sa cellule, le transportent dans celle qu'elles lui ont préparée, où il trouve un logement et une nourriture convenables à l'espèce qu'il doit revêtir. C'est ainsi qu'elles savent se donner une reine, si cette tête précieuse vient à leur manquer.

M. Schirac constata ses observations par une expérience qui paroît lever tous les doutes. Il renferma dans plusieurs petites caisses, quelques parties de gâteaux qui contenoient des vers de deux ou trois jours. Il y renferma en même temps, un certain nombre d'ouvrières, après s'être assuré qu'il ne se trouvoit parmi elles aucuns faux bourdons. Au bout de dix-sept jours, il eut plusieurs reines toutes fécondes, et qui lui donnèrent par la suite d'autres essaims. Ces expériences ont été répétées et se répètent encore en Lusace avec les plus grands succès.

Quelque étonnante que paroisse cette manière de se propager, elle n'est pas sans exemple chez les insectes. Bonnet cite la famille des pucerons où les sexes sont bien caractérisés, et qui pourtant se multiplient sans accouplement. Il est très-probable qu'il en est de même des Abeilles, et que leurs femelles, comme celles des pucerons, possèdent un fluide assez actif pour opérer les premiers développemens des germes dont elles sont dépositaires. En ce cas, elles seroient réellement vivipares. L'espèce d'œuf qu'elles placent au fond des cellules, pourroit bien être le ver lui-même dont les Abeilles sont chargées de déterminer ensuite le genre. Ce ver renferme vraisemblablement les organes qui constituent les deux sexes, et qui se développent ou restent oblitérés, suivant la capacité du lieu qui le contient, et les qualités des alimens qu'on lui fournit. Au premier aspect, sa figure paroît presque informe ; cependant il ressemble plutôt à un ver qu'à un œuf, et l'on voit qu'il n'a pas besoin d'éclorre pour prendre de l'extension (1). Avant qu'il

---

(1) Je n'ignore pas que M. Schirac assure la mère Abeille ovipare : il dit formellement que les Abeilles ne peuvent se donner des reines, si elles n'ont que des œufs, et qu'il leur faut nécessaissement des vers nés depuis trois ou quatre jours. J'ose affirmer que M. Schirac se trompe : ce défaut de succès ne prouve pas que la mère Abeille soit ovipare ; mais que le couvain manque par fois d'assez de chaleur. Lorsque M. Schirac faisoit ses expériences, il ne mettoit ordinairement dans ses caisses que deux ou trois petits gâteaux qui contenoient du couvain et quelques centaines d'Abeilles. Ce procédé a dû réussir par une température assez chaude pour suppléer à la foiblesse des

jouisse de toutes les facultés qu'il doit avoir, il faut, si je puis m'exprimer ainsi, qu'il achève de naître hors du sein maternel. Livré en cet état à des mains étrangères, il ne passe d'une matrice dans une autre que pour y prendre le caractère du genre que ses maîtresses jugent à propos de lui imprimer. Immédiatement après sa transmigration, il est encore sans mouvement. Mais quand elles ont décidé du rang qu'il doit occuper, elles ne tardent pas à lui donner le premier sentiment de son existence. C'est dans les fleurs qu'elles semblent le trouver. La nature qui leur indique la manière d'en extraire les sucs, leur apprend en même temps à distinguer ceux qui peuvent opérer le développement du sexe auquel elles l'ont destiné. Peut-être trouvent-elles dans ces sucs le principal vital de chaque individu. Plusieurs raisons porte-

---

moyens d'un petit nombre d'Abeilles; mais par un temps plus froid, il a dû manquer. Ce qui aura persuadé M. Schirac que ses gâteaux ne renfermant que des œufs, les Abeilles ainsi transposées, n'ont eu aucun moyen pour les faire éclorre. Sans doute elles en manquent en pareil cas : il leur faut une chaleur positive et très-forte, et elles ne peuvent se la procurer que quand elles sont assez nombreuses pour établir une bonne fermentation. Que le couvain alors soit sous la forme d'œufs ou de vers, n'importe : il éclorra aussi facilement que dans les mères ruches. Mes essaims m'ont toujours réussi, lorsque j'ai laissé la liberté aux Abeilles de les composer convenablement.

roient à le croire ; et je pourrois encore m'autoriser de l'idée que le profond Bonnet a manifestée sur cet objet, quoiqu'il semble ne la donner que comme une conjecture. J'ai déjà fait remarquer que le miel contient de l'air inflammable. Peut-être contient-il encore un feu plus pur, plus élémentaire, avec lequel les Abeilles mettent en jeu les organes de la vie de l'embryon. L'abandon que la reine fait de ces œufs immédiatement après les avoir déposés dans les cellules, et sans qu'ils aient été fécondés par des mâles qui n'existent pas au commencement de la ponte ; le déplacement de ces œufs par les ouvrières que j'ai souvent observé (1) ; les différentes sortes de pâtée qu'elles administrent aux vers, suivant leur âge et leur espèce,

---

(1) Lorsque la reine fait sa ponte, elle semble avoir beaucoup de peine à se transporter d'un lieu à un autre. Un jour j'en vis une qui ne put jamais gagner la cellule où elle vouloit placer son œuf ; elle le laissa échapper sur le bord d'une autre, et j'eus lieu de l'examiner quelques instans. Il étoit très-long, très-effilé et assez semblable aux vers que nous appercevons dans différentes substances. Les ouvrières ne le laissèrent pas long-temps exposé à ma vue, et le portèrent dans une autre cellule.

Il seroit bien intéressant que les naturalistes voulussent suivre le développement des germes des insectes qui se montrent sous la forme d'œufs ou de vers. Je ne doute pas que cette étude ne conduisît à savoir enfin si l'embryon est ou non renfermé dans une coque.

un logement proportionné à leur qualité (1), tout ne semble-t-il pas annoncer que les Abeilles connoissent d'autres principes de fécondation que ceux fournis par les mâles qui eux-mêmes n'en paroissent être que le produit ; puisque leur existence ne se manifeste jamais que dans le milieu de la ponte, et pendant que les Abeilles ont des provisions surabondantes. Passé ce temps, ils sont chassés sans miséricorde, et ne se montrent de nouveau qu'à l'époque des essaims ; ce qui fait un intervalle de huit à dix mois, dans les pays sur-tout où ils n'ont lieu qu'une fois par an.

Quoiqu'il en soit, et par quelque moyen que la génération des Abeilles s'accomplisse, il est certain qu'elles ont le pouvoir de se donner une femelle toutes les fois qu'une ruche en est dépourvue ; de se multiplier par son secours, et de se perpétuer ainsi sans l'intervention des mâles.

Si ce fait avoit besoin de nouvelles preuves, je

(1) La cellule où un ver doit subir sa transformation en reine, a une figure et une position remarquables ; elle est placée sur l'un des côtés d'un gâteau, d'où elle pend en forme de gland dont elle a presque la grosseur. Pour que les organes générateurs puissent se développer avec la plus grande liberté, la tête de l'insecte est tournée en en-bas. Le contraire a lieu pour les Abeilles ouvrières, à l'exception cependant que le plan de leurs cellules est un peu incliné à l'horizon.

pourrois citer les nombreux essaims que je formé chaque année, en suivant le procédé de M. Schirac. Mais au lieu de me servir des caisses de son invention que j'ai souvent trouvées défectueuses, j'ai préféré les ruches imaginées par M. de Gélieu. Les essaims s'y forment naturellement, ils y sont plus forts, plus vigoureux, et plutôt en état d'en donner d'autres. On en trouve la description dans le dictionnaire d'agriculture de l'abbé Rosier. Il convient de la faire connoître à ceux qui n'ont pas entre les mains cet excellent ouvrage. La voici dans les propres termes de l'auteur, article *Abeille*, page 85, section onzième du tome premier.

Ruche de Gélieu, pasteur de Lignères.

« Les ruches de M. de Gélieu sont très-commodes
» pour former des essaims artificiels : leur inven-
» tion est due principalement à cet objet. Elles ont
» la forme d'une caisse, qui, mesurée en dedans,
» a douze pouces de hauteur, neuf de largeur et
» quinze à dix-huit de longueur. Les deux premières
» dimensions ne doivent jamais varier ; quand on
» veut rendre la ruche plus grande ou plus petite,
» on peut augmenter ou diminuer la longueur. Les
» planches qu'on emploie pour construire ces ru-
» ches ont un pouce et demi d'épaisseur ; par ce
» moyen, sans le secours des surtouts, elles garan-
» tissent parfaitement les Abeilles de la grande

» ardeur du soleil et des froids excessifs ; le miel » n'est point exposé à couler, ni la cire à se fondre » lorsqu'il fait très-chaud : les fortes gelées ne le » durcissent point, comme il arrive dans les ruches » dont les parois sont fort minces. Le couvercle » est fait avec une planche de même épaisseur » que celle de la caisse, à laquelle il est attaché » solidement avec des cloux ou des chevilles ; » la base de la ruche n'est formée que par la table » ou le support, ainsi que les ruches ordinaires. » Sur un des grands côtés de la ruche, qui doit » être placé sur le devant, on fait en-bas, et pré- » cisément au milieu, une entaille de trois pouces » de largeur, sur un demi-pouce environ de » hauteur, pour servir de porte aux Abeilles.

» La ruche étant construite, comme nous venons » de le dire, on la scie du haut en-bas exactement » par le milieu, pour la diviser en deux parties » égales. Ayant bien pris le milieu avec la scie, » une moitié de la porte doit se trouver dans cha- » que partie de la ruche. Cette division étant faite, » on prend deux planches épaisses de trois ou » quatre lignes, qui ont un pied en carré ; on » y pratique au milieu une ouverture carrée de » trois pouces, qu'on peut faire ronde si l'on desire. » On applique une de ces planches à chaque moitié » de la ruche, pour fermer le côté qu'on a ouvert » en sciant ; on l'assujettit avec de petits cloux.

» Par ce moyen, chaque moitié de la ruche qu'on » a sciée, prend la forme d'une petite caisse ou- » verte par le bas, telle que l'avoit la ruche avant » d'être divisée ; avec cette différence, que les » planches qu'on a ajoutées ne descendent qu'à la » hauteur de la porte : de sorte qu'il reste en- » viron un pouce de distance entre la table et la » planche. Par conséquent ces deux demi-ruches » étant réunies, les Abeilles peuvent communiquer » aisément de l'une à l'autre par l'ouverture que » laisse la planche en-dessous, et par celle qu'on » a pratiquée au milieu.

» Pour former une ruche entière de ces deux » moitiés, on met quatre fortes chevilles à chaque » demi-ruche (1), en les enfonçant de manière » qu'elles débordent en-dehors d'un pouce et demi :

---

(1) Au lieu de chevilles, je me sers de pitons à vis; on les place où l'on veut, et on les ôte de même; au reste, ils ne sont guères utiles que dans les premiers jours de la réunion des demi-ruches; les Abeilles savent bien ensuite les contenir avec leur propolis.

Il seroit encore à propos de pratiquer une petite fenêtre vitrée de 4 à 5 pouces de longueur sur trois de hauteur, sur le derrière de chaque demi-ruche, et à trois pouces de sa base. Elle seroit fermée par un volet qui glisseroit entre deux coulisses. Cette fenêtre seroit très-commode pour connoître le moment où il faut procéder à la séparation de l'essaim; et on éviteroit l'inconvénient très-grand de soulever la ruche pour savoir ce qui s'y passe.

» on en place deux sur le couvercle, une sur le » devant au-dessus de la porte, une autre sur le » derrière. En plaçant ces chevilles à deux pouces » du bord des planches, qui pourroient se fendre » sans cette précaution, on aura attention qu'elles » se répondent exactement de chaque côté ; c'est- » à-dire qu'elles soient vis-à-vis l'une de l'autre, » afin qu'on puisse les attacher fortement avec de » l'osier ou des côtes de noisetier. Ces deux demi- » ruches étant réunies et attachées ensemble, for- » ment une ruche aussi solide qu'elle l'étoit avant » d'être sciée. Les planches minces ajoutées, se » trouvant adossées l'une contre l'autre, ne for- » ment qu'un seul mur de séparation, qui n'ôtera » point aux Abeilles la facilité de communiquer » dans les demi-ruches, puisqu'elles pourront y » aller par l'ouverture du milieu, de même que » par celle qui est au bas ».

Ces ruches ont été inventées pour forcer les Abeilles à recourir à l'expédient dont parle M. Schirac. Comme il est aisé de le remarquer, elles sont doubles et peuvent facilement se diviser ou se réunir. Quand on les tient réunies, les deux moitiés n'en font qu'une. Les Abeilles ont alors deux points de communication, l'un par le centre, et l'autre par le bas. Ne se doutant point de cette supercherie, elles passent sans défiance de l'une à l'autre moitié lorsque la population devient surabondante. Quand on les divise, chaque moitié forme exactement une ruche particulière. Pour bien entendre son usage, il est important de savoir qu'une mère Abeille pond chaque année jusqu'à trente et quarante mille œufs; que ces œufs ne peuvent éclorre que dans des édifices d'une forme propre à les loger, à nourrir et à élever les petits; qu'une partie de ces édifices doit en même temps servir de fourneaux, pour entretenir autour d'eux, une chaleur forte et constante. Les ateliers d'une ruche, dans ces momens intéressans, ne sauroient être mieux comparés qu'à ceux de ces fours d'Égypte, où l'on fait éclorre des poulets artificiellement. Les uns et les autres demandent des espaces considérables, et une intelligence dont la supériorité à cet égard ne peut être contestée aux Abeilles. Rien n'égale l'art avec lequel elles savent ménager la chaleur et faire éclorre le couvain de telle partie de la ruche, tandis qu'elles retarderont de quelques mois, la naissance de celui qui est placé dans une autre partie (1). Quoique la reine semble pondre

(1) Le couvain converti en nymphes comme la chenille en chrysalide, peut exister des années entières sous cette forme sans cesser d'être, même par le froid et hors de la ruche. La vie des uns et des autres, s'il est possible de le dire, est suspendue et mise en réserve jusqu'à ce que des circonstances favorables les fassent passer à l'état d'insectes parfaits. Voici ce que l'expérience m'a appris

une grande partie de l'année, il n'y a cependant que deux époques où cette opération soit bien marquée, au printemps et à la fin de l'été, au renouvellement de la sève. Celle du printemps est la plus forte, et c'est sur elle que les Abeilles fondent leurs plus grandes espérances, au moins dans nos climats.

Lorsqu'au temps de la pleine ponte, elles se voient dans l'impossibilité d'augmenter leurs constructions, et qu'elles n'ont plus de place pour contenir les nouveaux habitans, elles prennent leurs mesures pour les envoyer ailleurs fonder une colonie. Si elles se trouvent dans une des demi-ruches dont

---

de positif à ce sujet. Je perdis une ruche au mois d'août 1787, de laquelle je tirai des gâteaux remplis de nymphes que j'abandonnai dans un grenier jusqu'au printemps suivant que j'en voulus extraire la cire. En la préparant pour la faire fondre, j'en sortis ces nymphes que le hasard me fit laisser au soleil. Quelle fut ma surprise de les voir, au bout de quelques instans, remuer et s'agiter en tous sens. Cette observation me conduisit à rechercher quand et comment se prépare la naissance de chaque genre de mouches lorsqu'on a besoin de leur secours.

J'ai vu éclorre des ouvrières à la fin de messidor et en pluviôse et ventôse (juillet, février et mars), même un faux bourdon dans ce dernier mois. Circonstance bien digne de remarque, et qui pourroit jeter quelque jour sur la fécondation de la mère Abeille, si l'on pouvoit tirer quelque conséquence d'un fait qui n'est encore suivi d'aucun autre.

j'ai parlé, elles mettent à profit l'espace qu'elles apperçoivent et travaillent à augmenter le nombre des cellules. Comme elles ne peuvent employer la matière de la cire qu'à l'aide d'une forte chaleur qui est toujours plus considérable au centre des édifices, c'est de ce point que partent d'abord les prolongemens des ouvrages qui ne tardent pas à se montrer dans la demi-ruche accolée. Bientôt les gâteaux prennent de l'étendue et sont en état de recevoir les œufs de la femelle, dont la ponte se manifeste en ce moment, se continue et se renouvelle chaque jour comme dans les autres parties de la mère ruche. Les Abeilles alors s'y portent en foule : pendant que les unes veillent à l'éducation des jeunes mouches, d'autres s'occupent à agrandir les constructions. Si rien ne trouble leurs opérations, les jeunes Abeilles éclosent successivement et ne servent qu'à augmenter le nombre des ouvrières. En pareille circonstance, les essaims se forment et émigrent de la même manière que dans les ruches ordinaires.

Mais si les deux demi-ruches viennent à être séparées, et que la communication de celles où se sont construits les derniers ouvrages soit totalement interceptée, les Abeilles alors perdant tout espoir de se réunir à la mère ruche, prennent sur le champ leur parti. Ayant à leur choix des vers de différens âges, elles en élisent un qui ne soit né que depuis trois ou quatre jours, le tirent de sa cellule et le transportent dans celle qu'elles lui ont préparée. Placé dans un logement plus vaste, et pourvu d'une nourriture plus sucrée, plus abondante que celle des autres vers, ses organes générateurs se développent librement, et prennent toute l'extension dont ils sont susceptibles. Telle est la ressource que la nature offre aux Abeilles d'une ruche qui se voient privées de leur chef, et que M. Schirac a si heureusement devinée.

Cette belle découverte seroit encore réléguée dans un coin de l'Allemagne, si l'abbé Rosier ne l'eût fait connoître et n'eût vanté ses avantages. En adoptant les ruches de Gélieu, infiniment plus favorables à la formation des essaims artificiels que les caisses de M. Schirac, on est, pour ainsi dire, maître de se donner des essaims à volonté. Il ne faut, pour réussir, que couper la communication entr'eux et les mères ruches. Cette opération est facile : elle n'expose même la vie d'aucunes mouches, et n'endommage en aucune manière les gâteaux des deux demi-ruches. Le seul embarras est de savoir saisir le moment favorable qui est indubitablement le fort de la ponte. A cette époque, les constructions avancent rapidement, le couvain est répandu partout, et les Abeilles sont distribuées avec assez d'égalité dans les deux demi-ruches. Je préviens cependant, qu'il est essentiel de n'opérer que sur des ruches assez fortes, pour ne pas souffrir de ce partage. Sans cette attention, on se verra souvent comme moi, déchu de ses espérances. J'eus pourtant lieu de m'applaudir de mes premières tentatives qui me réussirent parfaitement. Mais, comme je ne les devois qu'au hasard, mes succès ne furent pas constans. Mon ignorance sur les véritables motifs qui déterminent les Abeilles à varier leurs procédés, me faisoit séparer mes essaims ou trop tôt ou trop tard ; j'avois souvent la douleur, dans l'un et l'autre cas, de les voir déserter et retourner à la mère ruche. D'autres fois, celle-ci étoit abandonnée à son tour. Si quelques essaims paroissoient répondre à mes intentions, leur population étoit si foible, si languissante, qu'elle ne me laissoit aucun espoir de les voir prospérer.

En n'opérant que sur des ruches qui remplissent les conditions ci-dessus, on évitera ces inconvéniens, et on aura la satisfaction de ne posséder que des essaims forts et bien peuplés, qui, s'étant logés d'eux-mêmes, et déjà occupés du grand travail de la ponte, ne songeront point à s'expatrier, et préviendront la peine de les recueillir, ou la crainte de les perdre.

Outre ces avantages, il en est encore d'autres non moins importans qui simplifient singulièrement le régime des Abeilles. Quoiqu'ils soient dûs à ces mêmes ruches, il semble que leur inventeur ne les a pas connus. Ils consistent, 1.° à sauver une ruche du pillage ; 2.° à arrêter les ravages des fausses teignes ; 3.° à ne se procurer que des ruches fortes, en réunissant les foibles à d'autres, ou à celles qui sont en état de les repeupler ; 4.° à éviter les embarras et les dangers du transvasement ; 5.° à prendre le miel sans faire mourir les mouches.

1.° On sauvera une ruche du pillage en la transportant et la plaçant auprès d'une autre dont la population soit assez considérable pour en défendre les approches. La ruche attaquée sera d'abord abandonnée par ses habitans qui, après quelques débats, se réuniront à leur protectrice. Les deux peuples confondus par cette incorporation, un des deux chefs sera mis à mort. On sera maître alors de s'emparer des provisions qui auront échappé au pillage, ou d'attendre l'époque de la ponte, pour qu'un nouvel essaim s'y établisse.

2.° On arrêtera les ravages des fausses teignes, en plaçant également la ruche infestée auprès d'une autre saine et vigoureuse. Les Abeilles de celle-ci, après avoir forcé les autres à se réunir à elles, reviendront en force pour détacher les parties de gâteaux où l'ennemi se sera retranché. Ces parties étant une masse trop lourde pour nos ouvrières, tomberont sur la table au bout de trois ou quatre jours. Ce sera alors le cas de surveiller la ruche, et de les enlever adroitement. Les vides seront bientôt remplis par des ouvrages frais et si bien adaptés aux anciens, qu'il n'y aura d'autre différence que la couleur. C'est ainsi que les Abeilles savent renouveler leurs ouvrages, à l'exception cependant de ceux qui ont trop de vétusté.

3.° On fortifie de la même manière les essaims en les réunissant entr'eux. Les Abeilles de la ruche la plus foible passeront dans l'autre, après la mort de leur chef. Le temps le plus favorable pour cette réunion, est la sortie de l'hiver. On se sert du même moyen pour les essaims que l'on forme au printemps, et qui se seroient dépeuplés. Les ruches foibles peuvent aussi être jointes aux ruches très-fortes, si on le juge à propos, et il en résulte les mêmes effets.

4.° Mais ce qu'il importe le plus d'éviter, c'est le transvasement, opération souvent peu profitable et toujours destructive. Par le moyen des ruches de M. de Gélieu, on n'a plus besoin d'y recourir, ni d'employer la ruse ou la violence pour faire changer d'habitation aux Abeilles. Connoissant parfaitement ce qui leur convient le mieux, elles passent d'une demi-ruche à l'autre, quand l'ancienne demeure est jugée moins convenable. Ce changement arrive ordinairement à la fin de l'été, après la dernière ponte. Dans les pays où l'on sème beaucoup de blés sarrasins, les Abeilles élèvent en peu de temps des édifices neufs, dans lesquels elles sont sûres de trouver plus de propreté, plus d'élégance et un air plus pur.

5.° L'objet le plus essentiel enfin, et vers lequel

se dirigent tous les soins et toutes les dépenses de ceux qui aménagent des Abeilles, est la récolte du miel et de la cire. Jusqu'ici on n'a pu la faire que par des moyens meurtriers, et directement contraires à leur multiplication, tel que celui de détruire la totalité des mouches d'une ruche, pour en envahir les richesses, ou de leur enlever la plus grande partie de leurs provisions, après un combat toujours funeste à un nombre considérable de ces insectes courageux.

Les ruches de M. de Gélieu préviennent ces opérations désastreuses. Il n'est question que d'attendre une gelée assez forte pour contraindre les Abeilles à abandonner la demi-ruche accolée à celle où se tient la mère Abeille, et qui ne renferme alors que des provisions; ou si l'on veut prendre plutôt son miel, d'éloigner de quelques pouces ces deux demi-ruches; peu d'heures après, les Abeilles sortent de l'une et gagnent l'autre à la file. Cette désertion est fondée sur leur amour pour cette mère, dont elles ne peuvent jamais se séparer. Par des procédés aussi simples, on épargne la vie d'une multitude de mouches, on ne dérange en aucune façon l'organisation des mères ruches, et on ne leur dérobe qu'un superflu qui leur devient même indifférent, dès qu'elles l'ont perdu de vue. La grandeur de ces ruches étant calculée sur la force de chaque essaim, et sur le plus ou le moins d'abondance des pays qu'ils habitent, on n'a pas à craindre de les épuiser, en leur ôtant une partie de leurs richesses. L'économe, en sage administrateur, ne prend en contribution que l'excèdant, et respecte le fonds qui doit lui procurer de nouveaux bénéfices.

Les ruches de M. de Gélieu sont si favorables à la multiplication des Abeilles, que quand même on ne voudroit pas adopter sa manière de créer des essaims, nulle autre forme de ruches anciennes ou nouvelles ne pourroit réunir autant d'avantages, quelque méthode qu'on embrasse. Dès qu'on en aura connu l'usage que la simplicité de leur construction rend on ne peut pas plus facile, on n'hésitera pas à rejeter celles dont on s'étoit servi jusqu'alors ; et arrivant bientôt à un meilleur gouvernement d'Abeilles, on aura la satisfaction de se voir possesseur d'un nombre considérable de ruches, toutes en bon état, qu'on entretiendra ou augmentera par la ressource des essaims artificiels ou naturels, formés ou survenus, suivant les circonstances. C'est à l'homme observateur, à celui qui surveille ses ruches avec soin, et qui connoît parfaitement l'état de chacune, à savoir discerner laquelle des deux manières lui sera le plus profitable. Outre ces deux puissans moyens de population, il en est encore quelques-uns de sécondaires importans à connoître ; mais qu'on ne peut employer, je le répète, qu'avec les ruches de M. de Gélieu.

Leur forme présentant toutes les facilités imaginables, on peut augmenter ou diminuer le nombre de mouches de chaque ruche; rendre fécondes celles qui, par défaut de mâles ou de femelles, ne l'étoient pas; user à son gré de ruches doubles ou simples en les divisant ou réunissant à volonté; les faire essaimer ou les en empêcher : en un mot, leur adapter avec le même succès, les procédés et les pratiques de tous les temps et de tous les lieux, s'ils plaisent ou conviennent mieux. Veut-on, par exemple, assurer l'essaim naturel d'une ruche qui refuse d'essaimer, quoiqu'elle ait un air de prospérité et montre les meilleures dispositions? il faut, sans plus tarder, la réunir à une mère ruche dont la fécondité est bien reconnue. Celle-ci réparera promptement les vices d'organisation qui l'avoient rendue stérile, ou aussi en l'unissant à un petit essaim naturel qu'on vient de recueillir. S'agit-il de renforcer un essaim naturel trop foiblement peuplé? il n'est question que d'enlever une mère ruche occupée à la formation de son essaim artificiel encore sans reine, et mettre l'autre à sa place qui, en étant pourvu, attirera les Abeilles de l'essaim artificiel. Le mélange des mouches se faisant immédiatement, leur réunion deviendra fixe et permanente; et il en résultera par la suite deux bonnes ruches, sans comprendre celle enlevée qu'on placera ailleurs. A-t-on plusieurs essaims naturels qu'on craigne de perdre par l'affoiblissement de leur population causé sur-tout par un mauvais hivernage ; et manque-t-on de doubles mères ruches assez fortes pour les repeupler ? on doit pour-lors réunir successivement ces petits essaims deux ou trois ensemble, afin qu'ils ne forment plus qu'une seule ruche, mais dont le sort sera assuré (1). Et ainsi de toutes les opérations qui tendent à perfectionner la culture des Abeilles par le moyen des ruches de M. de Gélieu, dont on verra les détails à la fin de ce mémoire

(1) On trouve l'article suivant dans l'ouvrage de Gélieu, pasteur aux Verrières, père de Gélieu, inventeur des ruches qui portent son nom, inséré dans les mémoires de la société de Berne : « Il y a un grand avantage à avoir » uniquement de fortes ruches. Supposons 40 Abeilles » dans une ruche, la moitié ou les deux tiers restent pour » garder le couvain ; reste à 20 pour aller chercher des » provisions dans la campagne. S'il y en a 80, alors 40 » sortiront chaque jour et amasseront le double de pro- » visions.

» L'expérience a démontré qu'une ruche une fois plus » forte amasse au moins quatre fois plus et multiplie à » proportion. Si 1000 Abeilles ramassent un pot de miel, » 2000 ramasseront quatre pots ; 4000 en ramasseront seize » pots, ainsi de suite : ou pour mieux dire, la récolte » est toujours comme le carré du nombre des Abeilles.

» Réunissez toujours les foibles essaims et les essaims » foibles ; et quand les essaims se réunissent, gardez-vous » bien de les séparer. J'aime mieux, assure-t-il, un bœuf » que deux moutons.

pour les ouvrages à faire dans chaque mois de l'année.

Le citoyen Chancey, membre des sociétés d'agriculture et d'histoire naturelle de la Seine et du Rhône, qui travaille sans relâche à augmenter le patrimoine de l'agriculture, vient de me communiquer de nouvelles expériences faites d'après ma théorie sur la formation des essaims, et sur la manière de les repeupler, lorsque la nécessité s'en fait sentir. Je m'empresse d'autant plus à les faire connoître, qu'ils sont une conséquence des préceptes que j'enseigne, et que la réputation de ce célèbre agronome donne toute la confiance possible aux procédés qu'il a mis en usage.

« Les essaims naturels, dit-il, réussissent rarement lorsqu'ils paroissent après le 1.er messidor (juillet); à l'aide des ruches à la Gélieu, ceux qui naissent tant dans ce mois que dans ceux de thermidor et fructidor (août et septembre), ont un plein succès, en ayant soin de réunir deux, trois et quelquefois quatre essaims ensemble. Le procédé en est très-simple : l'on reçoit le premier essaim dans une demi-ruche, et l'on y ajoute l'autre demi-ruche vide. Quelques jours après, vient-il un nouvel essaim, l'on détache la demi-ruche vide dans laquelle l'on reçoit ce nouvel essaim. Le soir, l'on repose cette demi-ruche à l'endroit où on l'a prise; les Abeilles passent alors dans la moitié

» moitié où est le premier essaim. En survient-il
» un troisième, l'on détache de nouveau la demi-
» ruche vide pour le recevoir. L'on obtient par-
» là une bonne ruche. Gélieu dit avec raison qu'il
» est plus lucratif de réunir deux essaims que de
» les élever séparément ».

CHAPITRE IV.

Du gouvernement des Abeilles.

Si l'on a bien entendu ma théorie des Abeilles; on a dû se convaincre que leur société est composée de mouches de différentes espèces qui ne peuvent se passer les unes des autres et qui, rassemblées sous la conduite d'une mère commune, forment les parties constituantes d'un tout parfait.

J'ai dit que cette société n'avoit pour but que sa propagation; que les individus qui la constituent, dont le nombre, les fonctions et les besoins diffèrent, ne peuvent arriver à cette fin que par des travaux immenses auxquels chacun doit coopérer suivant ses forces, ses moyens, son industrie. Au premier coup d'œil, les mouvemens d'une ruche ne paroissent que tumultueux; mais la confusion n'est qu'apparente, et la régularité des travaux annonce qu'ils sont exécutés avec le plus grand ordre. Un seul membre de cette nombreuse société se fait remarquer au milieu de la foule par les déférences et les respects qu'on lui porte. C'est le chef désigné par la nature pour peupler l'état. La reine Abeille, en un mot, en est la mère dans toute la force du terme; elle est le principe de tous les mouvemens d'une ruche qu'elle vivifie par sa présence. Sa fécondité suffisant à la multiplication de ses habitans, on a soin de détruire toutes les femelles surnuméraires qui apporteroient le trouble dans la société, en dérangeant l'ordre de la ponte, et en accumulant les œufs dans les cellules dont chacune ne doit contenir qu'un individu. Une tête aussi précieuse manque pourtant quelquefois dans des circonstances où les Abeilles n'ont pas des moyens pour s'en donner une autre. Si ce malheur arrive, l'anarchie succède à l'ordre, les travaux cessent; cette industrie qu'on admiroit tant, disparoît, et une destruction totale de la ruche est la suite de cet événement funeste.

Mais dans l'état ordinaire des choses, la reine Abeille jouit de tous les avantages de son rang; toujours fixée au centre de son empire, elle est nourrie aux frais de la nation, soignée et gardée par la majeure partie de son peuple qui sait que la félicité publique est attachée à son existence. Quelquefois elle aime à se promener sur les gâteaux et à y recevoir les hommages des Abeilles qu'elle rencontre ; quelquefois aussi, elle sort et vient se mêler parmi ses enfans épars sur les parois extérieurs de la ruche. L'observateur ne voit pas sans le plus vif intérêt, les soins, les égards, les empressemens respectueux que chacun a pour elle.

Le gouvernement d'un seul est donc celui que la nature a adopté pour les Abeilles, comme le plus avantageux pour elles. Quoique leur petit état soit divisé en différentes classes de citoyens, il n'y a réellement que les ouvrières qui soient chargées de tous les travaux. Chaque individu étant dans l'obligation de mettre ses facultés, sa vie même en commun, on expulse ceux qui ne participent pas à cette mise commune, ou dont l'existence est devenue inutile. Les mâles ou faux bourdons sont dans ce cas, Il est difficile de pouvoir leur assigner des fonctions précises, et les observations les plus exactes ne donnent rien d'absolument décidé à cet égard. Cependant ils sont nécessaires, puisqu'ils existent. Mais ils ne paroissent que dans des temps déterminés, lorsque la température est la plus agréable et la récolte la plus abondante. Ce superflu étoit indispensable pour une classe nombreuse d'individus dont l'unique occupation est de passer leur vie dans la mollesse. Immobiles au centre du mouvement, ils n'agissent que quand le plaisir les appelle au dehors. Cette riante situation n'est pas de longue durée : la consommation prodigieuse qu'ils font et qui épuiseroit bientôt les approvisionnemens, force les Abeilles à les rejeter de leur sein. Les faux bourdons ne se déterminent pas si aisément à renoncer aux délices d'une vie oisive. Nés gros, forts et nerveux, ils opposent à leurs ennemis la résistance la plus opiniâtre. Toujours chassés et jamais rebutés, ils ne cèdent enfin qu'aux armes que les Abeilles sont obligées d'employer contr'eux, et auxquelles il leur est impossible de se soustraire.

Les Abeilles ne se bornent pas à ce premier massacre. Leur fureur s'étend encore sur les rejetons de ces infortunés qu'elles vont chercher jusques dans le fond des cellules ; elles les en arrachent et les mettent en pièce ; rien n'échappe à leurs cruelles perquisitions, et cette sanglante exécution ne cesse que quand il n'y a plus de victimes.

En examinant l'organisation politique des Abeilles, on voit ce peuple déployer la même force et la même énergie, pour tout ce qui concerne l'intérêt public. Chargé de la construction des édifices, de l'approvisionnement et de la défense de l'état, du soin et de l'éducation des petits, il a reçu de la nature avec profusion, les qualités et les talens propres à l'exécution de ces différens ouvrages. Observons-les dans l'agitation qu'occasionne toujours dans un état, l'émigration d'une partie de ses membres ; nous trouverons de la justesse dans les combinaisons et de la sagesse dans les mesures. Une ruche, dont la population s'accroît rapidement, n'est bientôt plus assez vaste pour contenir une jeunesse vive et bouillante, qui n'attend que le premier signal, pour aller ailleurs fonder une nouvelle colonie. Mais avant de courir les risques d'un voyage, dont le succès est toujours douteux, on envoie un certain nombre d'Abeilles à la découverte, pour chercher un emplacement convenable. Lorsqu'il est bien reconnu, on ordonne les préparatifs du départ qui consistent dans le choix de plusieurs milliers de mouches, dont chacune se charge d'une provision de cire et de miel nécessaires à un nouvel établissement. Qu'on n'imagine pas qu'un essaim parte au hasard : ce seroit mal juger des êtres qui, aux yeux de l'observateur, donnent tant de preuves d'intelligence. Cette assertion n'est pas une conjecture : elle pose sur des faits dont j'ai été témoin, et que je vais rapporter.

J'étois un jour, sur les neuf heures du matin, au devant de mon abeiller, où j'examinois les mouvemens des Abeilles voyageuses, lorsque j'apperçus d'autres mouches qui entroient et sortoient d'une ruche que je savois être vide, et qui même n'avoit jamais servi. Excité par l'envie de savoir ce qu'elles y faisoient, j'en visitai l'intérieur, où je trouvai à-peu-près une centaine d'Abeilles qui en parcouroient avec rapidité tous les côtés. Je fus frappé de cette singularité, sans cependant y attacher aucune idée; et ne devinant point leurs motifs, je retournai à d'autres occupations, jusqu'au moment du dîner. J'étois à table quand on vint m'avertir qu'on voyoit voler un essaim qu'on croyoit sorti de mes ruches. Quoique je fusse sûr qu'il ne pouvoit m'appartenir, je ne résistai pas au plaisir d'observer sa marche, et j'allai à sa rencontre. Je ne fus pas plutôt dans ma cour, que je l'apperçus se dirigeant vers mon abeiller. Me rappelant alors l'observation du matin, je conjecturai qu'il alloit se loger dans la ruche dont j'ai parlé. J'y courus aussitôt, et j'y arrivai au moment que l'avant-garde commençoit à y entrer. Après m'être assuré que le corps de l'essaim prenoit la même route, je retournai annoncer cette agréable nouvelle à ma famille. Mais je fus surpris en chemin par un peloton d'Abeilles qui se plaça sur ma tête que j'avois nue. Il s'étoit formé en partie de celles qui s'étoient posées sur moi pendant ma station auprès de la ruche; celles-ci en ayant attiré d'autres, j'eus, dans l'instant, les yeux couverts de mouches, et je me trouvai dans l'impossibilité d'aller plus loin. Heureusement j'avois encore la bouche libre, et j'eus le temps d'appeler un de mes enfans que je savois à quelques pas de moi, et qui me conduisit à l'endroit que je lui désignai; dès que j'y fus rendu, les Abeilles reconnoissant leurs compagnes, m'abandonnèrent aussitôt, sans me faire la moindre piqûre, et se réunirent aux autres en un clin d'œil.

Je ne suis pas le seul qui ai reçu des essaims de la même manière. Deux dames de mon voisinage en ont vus arriver chez elles, et venir se loger d'eux-mêmes dans des ruches vides, quoique situées à une très-grande distance du lieu d'où ils étoient partis. Quelques personnes en trouvent chaque année dans des troncs d'arbres qu'elles connoissent. Preuve certaine que les Abeilles envoient à la découverte pour se ménager une retraite assurée.

Avant de se mettre en campagne, les émigrantes sont averties quelques jours d'avance par un son fort et aigu, qui ne ressemble pas mal à celui d'une cornemuse qu'on entendroit de loin. Ce son se répète par intervalles tous les matins et dure plus d'une heure. J'ai voulu savoir quelle espèce de mouches étoit chargée d'avertir les autres : je soulevai une ruche au moment où le bruit étoit le plus sensible, et cette opération ne l'ayant point interrompu, je vis clairement qu'il partoit du centre. Je présumai avec assez de fondement qu'il provenoit de la jeune reine qui devoit se mettre à la tête de l'essaim (1). Cependant elle ne se

(1) Mes conjectures sont confirmées par les observa-

décide pas aussi aisément qu'on le croit à abandonner pour toujours le lieu de sa naissance; elle ne se détermine à prendre son essort, que lorsqu'elle est pressée de pondre; que les mouches qui doivent l'accompagner, sont pourvues de matériaux; que le temps est favorable, et que la place où l'on veut se fixer est bien reconnue. Mais la nouvelle atmosphère où elle se trouve au sortir de la ruche, la petitesse de ses ailes relativement à la grosseur de son corps (1), et la timidité qui accompagne toujours les premiers essais, la rendent craintive. Incertaine dans ses mouvemens, elle ne fait que voltiger dans les environs de la ruche, et fatiguée promptement de ce premier vol, elle ne tarde pas à profiter du voisinage d'un arbrisseau pour s'y reposer, sur-tout si l'on a eu l'attention d'augmenter son trouble, par le moyen de l'eau, ou par quelques poignées de sable jetées en l'air.

---

tions de M. Hubert, qui s'est assuré que le chant qui précède le départ d'un essaim provient réellement de la jeune reine.

(1) Les ailes de la mère Abeille décèlent son origine. Elles sont très-courtes et en tout semblables à celles des ouvrières. Ce sont probablement les seules parties de son corps qui ne soient pas susceptibles d'accroissement. Nouvelle preuve qu'elle étoit en premier lieu une Abeille commune. Une autre preuve encore est le déplacement de son aiguillon, qui, au lieu d'occuper sa place naturelle, se trouve recourbé sous le ventre.

Dès qu'elle est posée, les Abeilles qui la suivent de l'œil, viennent la joindre et forment un groupe dont elle occupe le centre. C'est le moment le plus favorable pour recueillir l'essaim. Plus tard, on risque de le perdre : ou les mouches, pressées de se débarrasser des matériaux dont elles se trouvent surchargées, commencent des ouvrages que la mauvaise disposition du lieu ne pourroit leur permettre de continuer, et qui seroient en pure perte. La reine remise de ses inquiétudes, et rétablie par quelques momens de repos, s'élève bientôt et disparoît pour toujours, s'il ne se trouve personne pour l'arrêter. C'est le sort de tous les essaims qui ne sont pas surveillés. Mais on aura rarement à craindre ces inconvéniens, si l'on adopte ma méthode.

Les Abeilles ne sont pas plutôt entrées en possession de leur nouvelle habitation, que toutes se mettent à l'ouvrage. Chacune emploie la provision dont elle s'est chargée et travaille avec ardeur à la construction des édifices; de sorte que si l'essaim est nombreux, il peut remplir en quinze jours une grande partie de la ruche. Ce premier ouvrage à peine ébauché, les Abeilles passent à d'autres occupations dont elles doivent embrasser tous les détails à la fois. Elles se divisent pour cela en plusieurs classes.

Pendant que les unes vont aux champs ramasser la cire et le miel, les autres restent à la ruche pour employer ces matériaux, leur donner les différentes formes que nous connoissons, remplir les cellules de différentes espèces de miel, donner une nourriture convenable à l'âge et à l'espèce du couvain, veiller à la sûreté publique, en plaçant des sentinelles dans tous les endroits qui peuvent être attaqués, et principalement à la porte de la ruche, en rafraîchir l'air ou le réchauffer suivant les circonstances, faire une visite continuelle et très-exacte dans toutes ses parties, pour chasser ou mettre à mort les téméraires qui oseroient y pénétrer, même les individus de leur espèce qui ne feroient pas partie de la colonie, tenir la ruche dans la plus grande propreté, en enlever les ordures et les cadavres qui pourroient l'infecter, recouvrir d'un mastic ceux qu'il seroit impossible d'emporter, se servir de ce même mastic pour boucher toutes les fentes, les petits trous qui donneroient passage aux animaux attirés par la douce odeur du miel; défendre enfin ce précieux dépôt, avec les armes et les forces dont la nature les a pourvues.

Tels sont les travaux continuels des Abeilles pendant la belle saison. On ne se lasse pas d'admirer l'intelligence et l'harmonie qui règnent dans l'exécution de tous leurs ouvrages. Loin de présenter cette triste uniformité qu'on observe dans ceux des autres animaux qui se bâtissent des logemens, ils varient au contraire dans chaque ruche au point qu'il est impossible d'en trouver deux exactement semblables.

CHAPITRE V.

Du caractère et des mœurs des Abeilles.

Le sentiment qui détermine les actions des Abeilles dans chaque circonstance, est ce qui constitue leur caractère. Ce sentiment s'étend et se perfectionne à raison de la multiplicité et de la vivacité de leurs besoins, toujours relatifs à l'état social; car l'amour de la patrie semble être leur passion dominante à laquelle toutes les autres paroissent subordonnées. Elles lui consacrent leurs travaux, leurs peines et jusqu'à leur vie; mais elles la vendent chèrement. Armées d'un aiguillon qui porte avec lui le poison le plus subtil (1),

(1) Le venin de l'Abeille est âcre et brûlant. Son effet mérite l'attention du physicien. Il n'agit pas toujours de la même manière sur la même personne piquée dans des temps différens. Un fait qui se présente ici à propos prouvera la vérité de cette observation.

Un amateur faisant faire l'été dernier quelque ouvrage dans son abeiller, fut piqué à la main. Un ouvrier qu'il y occupoit, le fut au même endroit et dans le même elles osent livrer des combats, sans calculer leurs forces, et se soucient peu de succomber, si leur perte entraîne celle de leurs ennemis. Susceptibles pourtant d'une sorte d'éducation, elles semblent respecter la main qui les gouverne. Mais l'état de

---

instant. La main et le bras du maître enflèrent rapidement, avec des douleurs très-vives. L'ouvrier n'éprouva aucune enflure et ne ressentit qu'une douleur légère. L'automne suivante, par un pur effet du hasard, le même accident se renouvela de la même manière : tous deux furent piqués à la main. Pour cette fois, la chance fut à l'avantage du maître. A peine s'apperçut-il de son petit accident. L'ouvrier au contraire vit sa main enfler, et souffrit à son tour.

C'est donc principalement dans le genre nerveux plus ou moins susceptible d'irritation, que le venin fait ses ravages. L'intensité de la douleur dépend encore de la disposition où l'on se trouve au moment de la blessure, du temps où le venin est plus ou moins abondant, de celui où il a plus ou moins d'activité, et du degré de finesse de la peau dans la partie piquée. Aussi les personnes qui l'ont fine et délicate, sont-elles plus violemment affectées que celles qui l'ont rendue grossière par leur genre de vie.

D'après ce que je viens de dire, il ne faut pas être surpris que le miel, l'alkali volatil, le persil, le vinaigre, l'huile qu'on désigne comme des remèdes infaillibles, soient souvent inefficaces. Si, après en avoir fait usage, la douleur continue, je conseillerai de recourir à la chaux vive un peu délayée, dont on frotte la plaie. Je m'en suis servi plusieurs fois avec un égal succès. Elle est indiquée par l'abbé Rosier dans son dictionnaire d'agriculture, article *mouche*.

domesticité ne leur ôte pas la fierté de l'indépendance. Loin de redouter la présence ou les attaques de l'homme, elles n'hésitent pas à se précipiter sur lui, et à le blesser s'il encourt leur ressentiment.

Au redoutable instrument dont elle est armée, l'Abeille joint une force qui étonne lorsqu'on la compare à la petitesse de son corps. Une bouche faite en forme de tenailles, et trois paires de jambes, dont la première fait l'office de mains, lui donnent la facilité d'enlever des fardeaux beaucoup plus gros qu'elle.

La colère est très-exaltée chez les Abeilles, comme chez tous les animaux à qui la nature a donné des armes. Cependant quoiqu'elles soient faciles à irriter, elles ne se servent jamais de leur aiguillon que pour leur défense personnelle, ou celle de la patrie. C'est faute d'avoir attentivement observé leur naturel, qu'on leur a supposé une humeur féroce qui a détourné nombre d'observateurs de se livrer à des recherches, dont les résultats auroient enrichi cette branche de l'histoire naturelle. Si les observations que je présente peuvent être de quelque utilité, je ne les dois qu'à la résolution que je pris de braver leurs dards empoisonnés. Frappé de la prévention générale, je m'attendois à être assailli de toute part, lorsque je m'approcherois d'elles à la distance nécessaire pour les observer exactement. Mais au lieu de trouver des insectes farouches et sauvages, je vis au contraire des êtres uniquement occupés du bonheur de leur société, qui s'inquiètent peu de ce qui n'y a aucun rapport, et ne se montrent redoutables que lorsqu'ils craignent pour elles.

Loin de mériter le reproche de méchanceté, les Abeilles n'ont que le caractère qu'impriment l'indépendance et la liberté. Audacieuses lorsqu'on les provoque, elles n'ont que de l'indifférence pour tout ce qui n'attaque ni leurs personnes, ni leurs foyers. On peut les approcher, soulever les ruches, en visiter l'intérieur, même les changer de place, sans affublement et sans danger. Il suffit d'opérer avec adresse, de savoir saisir le moment favorable, de n'employer que des mouvemens lents et bien combinés, et sur-tout de prendre garde de les inquiéter par des gestes trop marqués. Si nonobstant ces précautions, on excite leur colère, il sera facile de la calmer, en les abandonnant quelques momens.

Toute ouvrière est pourvue des instrumens propres à chaque genre d'ouvrages. Elle sait les employer à propos et connoît parfaitement le travail qu'elle doit faire. A-t-elle besoin de provisions? Elle vole les chercher dans le fond du calice des fleurs, d'où elle les extrait adroitement à l'aide de sa langue très-longue et très-souple. Manque-t-elle de matériaux? Son corps hérissé de poils, et ses jambes postérieures dont les secondes articulations sont taillées en forme de cuillers, se chargent de la poussière des étamines. Ces différentes substances apportées à la ruche, subissent des changemens par des procédés chimiques, dont le laboratoire est dans le corps de l'Abeille.

Toutes les mouches d'une ruche se connoissent : cela est certain, et cela doit être. Autrement l'état seroit exposé à la surprise, au pillage d'individus étrangers, sur-tout de ceux que quelques circonstances malheureuses ont rendus errans et vagabonds. Mais comment se reconnoissent-elles ? Est-ce à une odeur particulière à chaque ruche ? Est-ce à une variété dans les traits, ou à une nuance dans les formes ? Si je m'en tiens à mes propres observations, je suis très-disposé à croire qu'il est des différences dans les pyhsionomies des Abeilles, que notre foible vue ne peut appercevoir. J'ai souvent cherché à vérifier ce fait, en transportant des mouches d'une ruche dans une autre. Dès que les sentinelles les apperçoivent, elles viennent à leur rencontre, les entourent et les examinent avec l'attention la plus scrupuleuse. Ces Abeilles transportées ne se voient pas plutôt en pays étranger, que changeant, pour ainsi-dire, de caractère, elles prennent un air humble et semblent demander grace. Ordinairement elles s'échappent ; mais quelquefois elles y perdent la vie.

L'adoption a pourtant lieu parmi les Abeilles en quelques circonstances. Le voisinage un peu trop rapproché de deux ruches, les engage parfois à se mêler, et l'une se peuple aux dépens de l'autre. C'est la manière de se présenter qui décide l'adoption. Celles qui veulent être incorporées n'ont qu'à s'annoncer avec des intentions pacifiques, elles seront accueillies et reçues au nombre des citoyennes.

Quoiqu'il en soit, il est très-difficile à tout insecte et à tout animal de pénétrer dans une ruche sans être vu. Les Abeilles qui sont à la porte n'ont d'autre tâche à remplir, que d'en défendre l'entrée, et elles s'en acquittent avec une vigilance que rien ne peut distraire. Toute autre occupation leur paroît indifférente, parce qu'elles savent que leurs compagnes remplissent leurs fonctions avec la même exactitude. On en peut juger par celles qui vont et reviennent des champs. Elles ne font jamais attention à ce qui se passe à l'entrée de la ruche, quelque tumulte qu'il y ait, à moins qu'il ne soit question d'un bouleversement général. Alors tous les travaux cessent, les signaux d'attaque et de défense sont donnés; des milliers de traits partent en un clein d'œil, et malheur à ceux qu'elles croient être les auteurs de leurs désastres.

Leur vigilance est guidée par une vue très-perçante; leurs yeux taillés à facettes très-multipliées, leur

leur donnent la facilité d'appercevoir les objets de fort loin, et principalement ceux qui sont situés au-dessus et au-dessous d'elles. Elles n'ont pas le même avantage lorsqu'elles en sont près. La disposition des yeux et la forme de la tête les empêchent de voir devant elles, du moins à une courte distance. Lorsque les sentinelles de la ruche sont à la poursuite de quelque ennemi qui cherche à y pénétrer, tel que le papillon de nuit, on les voit courir avec vitesse, se heurter même les unes et les autres, passer et repasser cent fois à côté de lui, sans se douter qu'il n'est distant d'elles que de quelques lignes. Ce sera bien pis encore, si la foiblesse de la ruche laisse à cette phalène la facilité de s'y introduire. Comme il y règne la plus profonde obscurité, elle peut y pénétrer sans obstacle, et y faire tranquillement sa ponte, ses ennemies n'étant pas assez nombreuses, et manquant de clarté, pour découvrir sa retraite. Je remarquerai à ce sujet que les Abeilles, en s'enveloppant de ténèbres, ont pour objet de se soustraire à la voracité des insectes. De-là viennent les soins qu'elles prennent de boucher toute espèce de passage avec une matière gluante et très-tenace, qu'on appelle propolis. Elles ont encore en vue de concentrer la chaleur dans la ruche et de la maintenir dans une température à-peu-près égale. Ces précautions ne sont pas de rigueur : elles les négligent au contraire dans des climats plus chauds, et cherchent à se procurer des courans d'air, par tous les moyens qui sont en leur pouvoir. Elles ne craignent pas non plus les incursions de leurs ennemis, puisqu'elles peuvent en tout temps conserver leur activité, et garder exactement les avenues de la ruche.

Ces puissants motifs dont dépend leur conservation, les forcent à se priver de la lumière. Tous leurs ouvrages se fabriquent dans l'ombre. L'on remarque même qu'ils avancent plus rapidement la nuit; cependant elles ne craignent pas le grand jour : les ruches vitrées où l'observateur les étudie, le prouvent; mais il leur est indifférent et même inutile. C'est par le sens du toucher qu'elles connoissent l'ouvrage qu'elles doivent faire; et chacune dépose sa provision, ou l'emploie suivant qu'elle trouve des cellules à remplir ou des constructions à continuer. Ses antennes et les poils dont son corps est recouvert lui donnent le tact le plus sensible.

Les Abeilles ont encore un autre moyen de prévenir la confusion que l'obscurité pourroit faire naître. Elles possèdent un langage très-expressif auquel on ne peut se méprendre, quand on a l'habitude de les observer. Ce langage aussi varié que le comportent leurs besoins et leurs passions, consiste dans des sons produits par des mouvemens d'ailes, et est susceptible de toutes les modulations que la circonstance exige. Ces modulations sont si distinctes, qu'il n'est pas une seule mouche qui ne conçoive et n'exécute ponctuellement ce qu'elles expriment. Le bruit que fait un essaim au sortir, de la ruche, où il est question de s'attendre, de voler en corps, de veiller à la conservation du chef et de s'entraider dans une route dont le terme est connu, mais très-souvent difficile à atteindre; ce bruit, dis-je, est bien différent de celui que les Abeilles font entendre, lorsque la patrie est en péril. Celles qui reviennent des champs s'annoncent par le bourdonnement le plus doux, tandis que les mouches irritées rendent des sons aigus et menaçans. Si l'on attaque d'un petit coup de doigt ou de baguette une de celles qui sont de garde à la porte, et qu'elle ne se sente pas en force, on la voit aussitôt rentrer, donner le signal d'alarmes et revenir un instant après, avec une escorte très-nombreuse et très-disposée à affronter le danger quelque grand qu'il soit. Jamais aucun sentiment de crainte n'arrête les Abeilles. Leur amour pour la patrie exalte leur courage, et rien n'est si commun, que de les voir mourir pour elle, si le sacrifice de leur vie devient nécessaire. Ce dévouement est d'autant plus étonnant, qu'il ne tient à aucun intérêt personnel, et qu'elles n'ont pas même le plaisir si attrayant de donner le jour à celles qui doivent leur succéder. L'étonnement augmente encore quand on sait que les provisions dont elles enrichissent l'état, ne sont pas pour elles; qu'elles n'y prennent aucune part, et ne font aucune consommation dans la ruche.

CHAPITRE VI.

Des ennemis des Abeilles.

Réunies au centre de leurs ruches, les Abeilles sont de tous les insectes ceux qui montrent le plus d'intelligence, d'industrie et de prévoyance; mais se dispersent-elles dans la campagne pour les besoins de la ruche, elles paroissent perdre ces qualités et tomber dans la classe des animaux les plus stupides. Entourées de dangers, elles n'en soupçonnent aucun, et se livrent à leurs ennemis, avec autant d'imprudence que les autres insectes mettent d'adresse à s'en garantir. Cependant ces ennemis sont nombreux et les entourent de toute part. Croiroit-on que les plus dangereux se trouvent dans leur propre espèce? Qu'une ruche ait essuyé des pertes par quelque cause que ce soit, les Abeilles des ruches voisines s'apperçoivent bientôt de la foiblesse de sa population, et attirées par l'espoir du pillage, elles emploient tour à tour la surprise et la force, pour s'emparer d'une place dont les portes sont mal défendues. Les assiégées ne pouvant faire une longue résistance, cèdent le passage aux pillardes qui, dans un instant, ont massacré tout ce qui leur faisoit résistance, et ravagé toutes les provisions.

Les plus redoutables ensuite sont les crapauds, les grenouilles, les serpens, les lezards, les salamandres, les rats, les souris, les mulots, les araignées, les guêpes, les frelons et les papillons de nuit. Le crapaud n'a que la peine de choisir sa proie: quoique éloigné d'elle de sept à huit pouces, il a la force de l'aspirer et de l'attirer à lui. Quand ce reptile est en chasse, il marche à pas comptés et ne s'arrête qu'à la vue d'une Abeille. Paroissant alors mettre en jeu sa faculté attractive, et dirigeant ses yeux étincellans sur l'infortunée, tout d'un coup on la voit se précipiter dans sa gueule et disparoître aussi promptement que l'éclair. Il faut plus d'adresse à la grenouille; elle n'aspire pas, mais elle s'élance sur l'Abeille qui se trouve à sa portée, et manque rarement son coup. Les serpens, les lezards, les salamandres fixent leurs demeures dans le voisinage de l'abeiller, épient le moment où ils peuvent sortir sans danger, parcourent la surface du terrein, et enlèvent toutes les mouches vivantes qu'ils rencontrent.

Les rats, les souris et les mulots très-friands de

miel, se font jour dans les ruches dont ils élargissent l'entrée avec leurs dents. En peu de temps, ils y commettent des dégats irréparables. Les rats dévastent les gâteaux, et les autres ôtent la vie aux Abeilles dont ils ne mangent que la tête et le corselet. Il est vrai qu'ils ne sont dangereux que l'hiver. En tout autre temps, les Abeilles ne seroient pas d'humeur à souffrir si près d'elles ces animaux destructeurs.

L'araignée fine et rusée s'établit dans le rucher même et jusques dans les ruches, se place dans les angles et y tend ses filets. Là, cachée et immobile, elle attend patiemment qu'une malheureuse Abeille vienne s'y prendre. Aux secousses de la captive, elle accourt précipitamment, mais voyant le danger d'approcher de trop près de la mouche armée, elle la garotte de ses fils et l'entraîne sans risque dans son trou, où elle la laisse mourir sur place et revient la sucer lorsque le péril est passé. Le nombre de ses victimes est plus considérable qu'on ne pense, et l'on ne sauroit trop prendre de précautions pour empêcher la multiplication de cet ennemi.

Les guêpes et le frelons font aussi une guerre cruelle aux Abeilles; mais c'est une guerre de détail qui n'est redoutable que parce qu'elle concourt avec les autres causes de destruction. La guêpe, avec la faculté de conserver son activité dans des temps trop froids pour les Abeilles, tels que ceux qui se font sentir dans les matinées d'automne, entre dans les ruches avant que ces dernières puissent reprendre leurs occupations, pille le miel et s'enfuit. D'autres guêpes volant terre à terre, attaquent les mouches que le froid ou un excès de fatigue ont forcées de s'abbattre, et leur ouvrent le ventre.

Les frelons sont aux Abeilles ce que les oiseaux de proie sont à la timide perdrix. Ils fondent sur elles, les prennent au vol et vont les mettre en pièces sur le premier arbrisseau.

Enfin, un des plus grands ennemis des Abeilles, parce qu'il n'agit que dans les ténèbres, est le papillon de nuit. Cette phalène n'attaque point directement leur vie et se contente de leur cire. Sa chenille connue sous le nom de fausse teigne, après s'être convertie en chrysalide, éclot, comme l'Abeille, au bout de dix-huit à vingt jours, et paroît sous la forme d'un papillon de couleur cendrée, dont les ailes un peu aplaties, le font assez ressembler à un toit à la chinoise. Les premiers se montrent ordinairement au commencement de floréal (fin d'avril.) Tel que le papillon du ver a soie, il cherche à s'accoupler en naissant. Lorsque la femelle a été fécondée, elle dépose ses œufs dans quelque endroit tranquille de la ruche; ou si elle ne peut y pénétrer, la conformation de ses organes générateurs lui donne la facilité de les glisser sous sa base, dans ses joints, ou dans quelques fentes, quelqu'étroites qu'en soient les ouvertures. A l'instant où le besoin de pondre se fait sentir, on voit sortir de son derrière un corps long de cinq à six lignes, très-flexible, semblable à la pointe d'un fuseau, au bout duquel, après de legers mouvemens, paroissent successivement des œufs ronds, d'un blanc de lait et de la grosseur de la tête d'une petite épingle. La chenille qui en sort se nourrit des débris des provisions qui arrivent à la ruche; et au moment de sa métamorphose en chrysalide, elle se file une coque assez semblable à celle des vers à soie, mais beaucoup moins grosse.

La fécondité de ces papillons est si prodigieuse, qu'en peu de temps, les coques occupent une grande partie de la ruche; des fils de soie les entrelacent, les tiennent adhérentes les unes aux autres et obstruent le passage des Abeilles qui, se retirant de place en place, pour ne pas s'empêtrer dans ces filets, sont à la fin contraintes d'abandonner leur domicile à des ennemis toujours à couvert sous les mines qu'ils creusent, à moins que le nombre des assiégées ne soit assez considérable pour enlever les mineurs et leurs ouvrages. Ce terrible papillon est aisé à reconnoître. On le voit, à nuit tombante, voltiger sans bruit autour des ruches, se poser sur celles qu'il croit mal gardées, courir avec précipitation dans la crainte d'être poursuivi, et s'introduire dans la ruche dont le passage est sans défense. Le jour, il se retire dans les lieux obscurs. On en trouve derrière les ruches et sous les tables.

Il ne faut pas confondre la fausse teigne de ce papillon avec une autre également à craindre. Cette seconde beaucoup plus petite, au lieu de se construire une coque, se loge dans les rayons même, se fait jour à travers les cellules et y pratique une galerie qu'elle tapisse de soie et qu'elle alonge suivant ses besoins ; mais je ne la crois nuisible qu'à la cire. Je ne l'ai jamais vue que dans des gâteaux abandonnés.

Les poules, les hirondelles et les moineaux sont aussi accusés de détruire beaucoup d'Abeilles. Mais je dois rendre justice à leur innocence. J'ai plusieurs fois présenté des Abeilles à la volaille, je l'ai conduite à l'abeiller au moment où la terre étoit couverte de mouches, et je puis certifier qu'elles dédaignent cet aliment. Les moineaux, à la vérité, paroissent les rechercher ; mais si l'on y fait attention, on verra qu'ils n'enlèvent que les nymphes ou les avortons jetés hors des ruches, qui font un mets délicat pour leurs petits. Il n'est pas aussi aisé d'asseoir un jugement sur les hirondelles. On est cependant fondé à croire qu'elles ne se nourrissent pas d'Abeilles. On ne les voit pas se rassembler et planer sur les lieux qu'elles habitent ; et leur vol toujours plus haut ou plus bas que celui de ces mouches, annonce qu'elles n'ont pas intention de leur nuire. Autrement, quel seroit le rucher qui pourroit fournir à la consommation de ces oiseaux?

Les Abeilles ont des ennemis d'une autre nature qu'elles ne peuvent éviter. Un vent un peu fort, une pluie d'orage, et sur-tout un froid subit, en font périr un grand nombre. Le printemps et l'automne sont des époques désastreuses pour elles, et sur-tout pour les jeunes bien plus sensibles que les autres. Si, dans ces momens fâcheux, on jette les yeux sur le devant d'un abeiller, on sera étonné de le trouver couvert de mouches que l'engourdissement des membres et l'humidité des ailes empêchent de se relever ; et elles sont perdues pour toujours, s'il ne survient un soleil bienfaisant qui les ranime. Telle est une des grandes causes de dépopulation et par conséquent de disette d'essaims.

Malgré l'extrême délicatesse de leur constitution, les Abeilles sont néanmoins très-vivaces ; elles peuvent demeurer dans l'engourdissement quelquefois plus de vingt-quatre heures sans mourir (1).

(1) Cela ne s'entend que des Abeilles hors de leurs ruches par une température de quelques degrés au dessus de zéro. Lorsque le temps est à la gelée, elles passent promptement de l'engourdissement à la mort.

J'en ai souvent rappelé à la vie après ce terme ; soit en les réchauffant dans ma main, soit en les exposant graduellement à la chaleur du foyer. Mais celles que nous pouvons sauver par ces soins, ne nous dédommagent pas des pertes que nous éprouvons dans ce département, par les vicissitudes de nos printemps, presque toujours désagréables et froids. Cette petite contrée est à la vérité limitrophe des départemens méridionaux. Mais sa position aux pieds des Alpes, et le voisinage des hautes montagnes de l'Autunois situées au nord-ouest, l'exposent à des rafales qui, survenant tout-à-coup, refroidissent l'air et souvent détruisent l'espérance du laboureur. Les Abeilles surprises par ces contre-temps, sont forcées de s'abbattre, tombent sur l'herbe, ou dans quelque autre endroit humide, et y finissent misérablement leur vie.

Si l'on ajoute à ces maux les accidens particuliers et le peu de durée de leur vie, on sera surpris d'en trouver encore dans nos climats. l'Abeille n'a pas une longue existence : ses forces ne tardent pas à s'épuiser par un travail pénible et

---

Je dois cependant faire observer qu'il est des ouvrières infiniment plus robustes que les autres, puisqu'on les voit sortir par les plus fortes gelées, et rentrer sans paroître sensibles au froid. Cela arrive ordinairement par des temps calmes, ou lorsque le soleil a frappé sur les ruches, quoiqu'il y ait de la neige.

continuel auquel elle se livre en naissant, et sa vie ne se prolonge guères au-delà de dix à douze mois. Celle qui naît au printemps, après avoir travaillé tout l'été, passe l'hiver dans sa ruche, reprend ses occupations au retour de la belle saison, et pousse encore sa carrière jusqu'au mois de thermidor (juillet). Rien n'est si facile que de la connoître alors : son corps plus maigre, plus rembruni, ses ailes déchiquetées et presque usées, annoncent sa décrépitude et sa fin prochaine. Aussi le nombre de ces mouches va tous les jours en diminuant, et elles disparoissent enfin tout-à-fait dans le courant de l'été.

Mais la nature qui surveille plus particulièrement l'espèce que l'individu, s'est ménagé des moyens de réparer ces pertes, par la fécondité prodigieuse qu'elle a donnée à la mère Abeille, et par la faculté dont elle a doué les ouvrières, de varier leurs talens et leur industrie selon les positions où elles se trouvent. On se rappelle comment dans le nord et dans les lieux sujets aux frimats, elles savent se garantir de l'atteinte de la gelée. Dans les régions constamment chaudes, elles ne prennent pas tant de précautions, et se contentent du premier endroit commode qu'elles rencontrent. J'ai vu en Amérique des Abeilles se placer daus la bifurcation d'un arbre, où elles paroissoient prospérer. Dans un voyage fait à la mer du sud par le lieutenant Bligh, anglais, et traduit par Soulés, l'auteur raconte que dans l'île de Timor, l'une des moluques appartenant aux Hollandois, les Abeilles font leurs nids dans les buissons et dans des branches d'arbres, que les naturels ne peuvent approcher qu'en y mettant le feu, pour avoir le miel et la cire.

Enfin, un *post-scriptum* à l'article *Abeille*, inséré au premier volume d'agriculture du dictionnaire encyclopédique, vient encore à l'appui de ces deux observations. L'abbé Teissier dit, d'après les mémoires de Dom Ulloa, traduits par M. Schneider, » que la multiplication des Abeilles devint si » grande dans l'île de Cuba, lorsqu'on les y ap- » porta, qu'elles se répandirent dans les montagnes, » et commencèrent à faire craindre pour la récolte » des cannes à sucre dont elles se nourrissoient; il ajoute : » qu'une ruche donnoit facilement un » essaim et quelquefois deux par mois, et qu'il y » a apparence que dans cet heureux climat, elles » ne s'engourdissent jamais. »

Il est donc constant que la prospérité des Abeilles, est en raison des températures où elles se trouvent; que dans les pays où règne une chaleur continuelle, l'économe n'a d'autres soins que de recueillir chaque mois les essaims et le miel. Les autres climats demandent des procédés et des attentions qui doivent varier et se multiplier, suivant qu'ils sont plus ou moins favorisés de la nature. C'est pour avoir trop suivi les méthodes générales, qu'on n'a pas encore pu réussir à augmenter leur population, comme on sent qu'elle pourroit l'être. Je donnerai dans le chapitre suivant les moyens que je crois les plus convenables à leur multiplication.

CHAPITRE VII.

DE L'ABEILLER.

En rassemblant mes observations sur les Abeilles, j'ai eu pour objet de faire connoître les motifs qui m'ont conduit à changer leur régime. L'expérience m'a démontré que leur prospérité dépend des soins et des procédés bien entendus de la forme des ruches, de l'emplacement et de l'exposition qu'on leur donne, des précautions à prendre pour les garantir des grands vents, de la neige et de la pluie, et leur donner ou leur ôter à volonté le soleil. Ce sont-là les principaux objets auxquels doit s'attacher celui qui se propose de construire un abeiller. Son exposition dépend du climat. Dans le nôtre, la meilleure est le sud-est. Le vent qui part de ce point est très-rare. Si d'ailleurs le rucher est un peu incliné vers le levant, il se ressentira moins du sud-ouest qui est un de nos vents dominans et le plus incommode de tous. Cette exposition a de plus l'avantage de jouir d'un soleil plus chaud et plus constant que celui du matin. L'abeiller doit être à portée des gens chargés d'en avoir soin ; mais il faut l'éloigner des fours et animaux malfaisans (1).

Sa longueur doit être proportionnée au nombre de ruches que le plus ou le moins de fertilité du canton donne lieu d'attendre. Dans les pays très-abondants en sucs mielleux, ce nombre est indéterminé. Dans les autres, c'est l'expérience qui doit le fixer. Trente ruches bien peuplées et bien approvisionnées sont préférables à une plus grande quantité qui ne feroit que languir.

En supposant la nécessité d'un emplacement pour

---

(1) On doit éviter avec soin de placer ses ruches dans le voisinage d'un four, et sur-tout de les adosser contre sa voûte. Outre l'incommodité de la fumée qui est très-pernicieuse aux Abeilles, elles souffriroient considérablement de l'excès de chaleur occasionnée par la répétition fréquente de son chauffage.

Un médecin naturaliste bien convaincu par mes expériences dont il a été le témoin, que la chaleur d'une ruche maintenue à un point fixe est l'ouvrage des Abeilles, a fait une observation que je m'empresse de rapporter. Il a remarqué que des Abeilles placées tout près de la voûte d'un four sortoient de leur ruche avec assez de précipitation toutes les fois qu'on chauffoit ce four, et qu'elles ne rentroient jamais qu'après la cessation totale de cette chaleur momentanée.

Preuve évidente que cette surabondance ajoutoit trop à la masse de chaleur déjà établie dans la ruche.

quarante-cinq ruches,* on construira sur le terrein un mur de trente cinq pieds de longueur qui servira de fond à l'abeiller. Les murs de côté auront neuf pieds de longueur et seront distans l'un de l'autre de trente-deux pieds mesurés en-dedans. Ces trente-deux pieds seront divisés en cinq parties égales. Chaque partie sera séparée par deux montans ou poteaux, placés l'un vis-à-vis de l'autre et écartés suivant la largeur des tables. Ils auront quatre pouces de face et serviront en même temps de support au toit et aux rayons ; de sorte qu'il restera six pieds entre chaque division. Cette dimension est nécessaire pour placer trois ruches à l'aise dans une division et pouvoir plus facilement manier les tiroirs dont je vais parler.

Le devant de l'abeiller aura neuf pieds et demi de hauteur s'il est appuyé contre quelque bâtiment. Son couvert sera sans avant-toit, pour que les mouches aient le plus de soleil possible, et garni d'un conduit en fer-blanc qui descendra jusqu'à terre, pour éviter l'incommodité des eaux.

Si le mur du fond de l'abeiller est isolé, le toit aura sa chûte par-derrière, et le devant sera élevé de onze pieds au moins ; ce qui sera infiniment plus avantageux, en ce qu'on pourra facilement

* Voyez le plan de l'abeiller, où sont seulement figurées deux divisions de six pieds chacune, dont on peut augmenter le nombre.

donner

donner un soleil égal à toutes les ruches quand il leur sera nécessaire.

La largeur du rucher prise en dedans, sera de huit pieds, les rayons compris. Elle est nécessaire pour visiter les ruches, séparer les essaims, prendre le miel et faire d'autres opérations que demande la nouvelle méthode. Il sera pratiqué à chaque mur de côté une porte, et au-dessus de chaque porte une petite fenêtre. Les portes faciliteront le service de l'intérieur, et les fenêtres serviront à en renouveler l'air, principalement en hiver dans les temps humides.

L'abeiller contiendra trois rangs de ruches. Le premier sera à un pied d'élévation, pour éviter l'humidité et tenir le sol dans la plus grande propreté. Le second sera à vingt-deux pouces du premier, non compris l'épaisseur des tables ou rayons sur lesquels les ruches devront être assises. Le troisième rang aura la même proportion.

Il seroit encore à propos d'en faire un quatrième sur l'espace qui reste jusqu'au toit. Il serviroit à entreposer les ruches d'attente, et à placer, dans les cas de nécessité, celles qui contiennent des Abeilles. Il est prouvé que plus les ruches sont rapprochées de la superficie du sol, plus elles prospèrent. Cette considération m'auroit même engagé à ne conseiller que deux rangs, si je n'eusse craint de rebuter par une augmentation de dépense déja assez forte.

Les tables destinées à recevoir les ruches auront deux pieds de largeur. Elles seront enchâssées dans les montans de manière que ceux-ci ne débordent que d'un pouce, soit en dedans soit en dehors. Une moitié de ce pouce sera garnie en liteaux qui devront former l'encadrement des tiroirs. (Voyez la lettre *u* de la figure 6.e). On inclinera les tables d'un pouce sur le devant, pour que l'eau s'écoule plus aisément, et sur-tout celle qui sort de la ruche et qui est abondante en hiver.

Les tables auront deux pouces d'épaisseur, et il sera aussi cloué des liteaux d'un demi-pouce sur cette épaisseur (1).

Les plateaux qui formeront les tables seront du bois le plus sec, et en chêne ou en sapin. Il faut, s'il est possible, se les procurer de la largeur désignée; mais comme il est très-difficile de trouver aujourd'hui des arbres de deux pieds de diamètre, on aura soin de graver et coller ceux qu'on sera forcé de réunir. Tous les bois qui entrent dans la construction du rucher, seront unis à la varlope, assemblés et joints le plus exactement possible, pour qu'ils soient en état d'être peints et qu'aucun insecte ne puisse y trouver d'asile.

---

(1) A moins qu'on ne préfère de pratiquer une feuillure dans l'épaisseur des montans et des tables; ces dernières assez épaisses pour supporter ce retranchement.

Les traverses qui supporteront les tables seront de la même largeur que les montans auxquels ils seront fixés par un assemblage à tenons et mortaises.

Si l'exposition au midi a des avantages marqués sur les autres, elle a aussi des inconvéniens qu'il est essentiel de prévenir. Le vent, la pluie, la grêle, les grandes chaleurs, la neige, et sur-tout le soleil d'hiver, sont le fleau des Abeilles. On les en délivrera en faisant placer sous les tables, et entre chaque division des tiroirs en lambris de sapin F F (1), soutenus par des liteaux sur lesquels ils pourront facilement être poussés en avant.

C'est dans l'usage de ces tiroirs que consiste toute la science du gouvernement des Abeilles, relativement aux influences atmosphériques. En été ils serviront d'avant-toit, en les faisant glisser sur les liteaux lorsqu'on craindra le mauvais temps, ou qu'on jugera à propos de tenir les ruches à l'ombre. (Voyez figures 3.e et 4.e). En hiver, ils seront placés dans leurs encadremens respectifs, où ils seront fixes par des tourniquets en fer ou en bois, pour qu'ils ferment exactement le devant de l'abeiller (voyez figure 2.e).

Leur office est d'intercepter totalement la lumière aux Abeilles, et la foible chaleur du soleil d'hiver. En les renfermant ainsi, on les retiendra tout le

(1) Voyez le profil.

temps qu'il y aura du danger à les laisser sortir. L'expérience démontre que, privées de ces deux agens, elles seront forcées de rester dans une inaction absolue. J'arrête les mouvemens des miennes tout l'hiver, et je ne leur donne la liberté que quand les arbres fruitiers sont en pleine fleur. J'ai seulement l'attention de tenir mes ruches soulevées de quelques lignes avec de petits coins de bois, pour leur donner de l'air et favoriser l'écoulement de l'humidité. Une gelée ordinaire ne m'empêche même pas de prendre cette précaution; mais elle est inutile si la gelée est forte : il n'y a plus de vapeurs dans la ruche, et l'air y est pour-lors toujours assez actif. Un autre avantage qu'on retire encore de ces tiroirs, est de mettre les ruches à l'abri des voleurs. Quelque isolé que soit l'abeiller, il leur sera difficile d'y pénétrer, si les tiroirs sont arrêtés en dedans par de bons crochets de fer.

On pratiquera à la base de chaque tiroir, un petit volet de trois à quatre pouces de largeur, qui occupera toute la longueur D, figures 1.ère et 2.e, comprise entre les doublons qui les tiennent assemblés. Ces doublons seront cloués à deux pouces près de l'extrémité des tiroirs. On en verra l'usage par la suite.

La propreté la plus scrupuleuse doit règner dans toutes les parties de l'abeiller. C'est le seul moyen d'éloigner les reptiles et les insectes. J'insisterai même sur ce qu'on fasse plafonner le dessous du toit en lambris et mieux encore en plâtre. Sans cela, il se peuplera bientôt d'araignées. Le devant de l'abeiller sera tenu avec le même soin; on n'y laissera croître aucune herbe, aucun arbrisseau, à la distance au moins de douze à quinze pieds. Le terrein sera très-uni et recouvert d'un sable fin autant que faire se pourra.

L'exécution d'un rucher tel que je le propose, sera peut-être trouvée dispendieuse, et trop au-dessus des moyens des gens de la campagne que cela regarde spécialement. Je l'avoue, un pareil plan est coûteux: j'aurois voulu pouvoir le réduire, et en proportionner les frais aux facultés de ceux qui sont dans le cas de cultiver cette branche de l'économie rurale. La plupart des auteurs qui ont senti que la nécessité de rassembler les ruches sous un même toit, occasionneroit une dépense qui pourroit rebuter, ont cherché à l'alléger en ne conseillant que la plus simple construction. Quelques piquets fichés en terre, sur lesquels les tables doivent reposer, les murs du fond et de côté en terre, et la couverture en paille, sont les seuls matériaux qu'ils exigent. Cette construction est défectueuse à tous égards, quelque méthode même qu'on adopte. On ne peut espérer de succès véritables, qu'en préservant les ruches de l'inconstance des saisons, et en faisant jouir les Abeilles de tout ce qu'elles leur offrent de plus favorable. Ces deux conditions ne peuvent être remplies sous de simples hangars. Il faut une charpente soignée, et une sorte d'atelier où l'on puisse, jusqu'à un certain point, maîtriser les élémens. Il faut, en un mot, rapprocher autant qu'il est en nous la position des Abeilles domestiques de celle des Abeilles sauvages. Celles-ci se placent toujours de manière à n'éprouver que difficilement les effets d'une saison fâcheuse ; mais ce n'est pas au fermier, qui vit à peine de son travail, que je demande cette dépense : c'est au propriétaire, au cultivateur aisé. Il n'en est point en Bresse qui ne soit en etat de la supporter, et qui n'ait un emplacement convenable. Les fermes, la plupart placées sur des monticules, sont toutes isolées et présentent un mur au midi, contre lequel on peut établir l'abeiller. Cet abri préservera même ce mur de l'atteinte de la pluie. Je voudrois ensuite que le propriétaire qui auroit fait construire un rucher, par une clause du bail, chargeât son fermier de le conduire, et l'obligeât de lui payer, chaque année, une certaine somme qui feroit partie du prix du fermage. Une semblable disposition détermineroit le fermier à s'adonner à la conduite des Abeilles, et le maître se verroit dans peu d'années remboursé de ses avances.

Un Abeiller construit, comme je le demande,

peut aisément contenir quarante-cinq doubles ruches. En réduisant leur produit aux deux tiers que l'économe a droit d'espérer, il lui reste trente demi-ruches à récolter, avec le précieux avantage de conserver toutes ses mères ruches. Une demi-ruche pleine, non compris le bois, pèse ordinairement vingt-cinq livres. Ce seroit donc plus de sept cents livres de miel que ces trente demi-ruches présenteroient de bénéfice. Ajoutons à cet apperçu, l'avantage inappréciable d'enlever le miel aux Abeilles sans être obligé de les sacrifier, et même sans troubler la mère ruche.

Cette opération ne pouvant avoir lieu en Bresse qu'au milieu de vendémiaire (octobre), peu de temps après la fleuraison des blés-sarrazins, le miel et la cire seront dans un état de fraicheur qu'il est impossible de rencontrer en suivant toute autre méthode. Ce miel, à la vérité, n'est pas de la première qualité ; il vaut moins que celui qui se recueille sur les plantes aromatiques, et sur-tout sur celles du printemps. Celui-ci est blanc, gras, onctueux et presque aussi odoriférant que le miel de Narbonne; mais il est en trop petite quantité pour qu'on puisse en espérer un certain profit: d'ailleurs, il faudroit renoncer aux essaims qui ne peuvent se former sans son secours. Si l'on prend le miel après l'hiver, sa qualité sera déjà altérée, et sa quantité peu considérable. On n'aura même qu'une cire plus rembrunie et par conséquent plus difficile à blanchir. C'est donc l'époque où paroissent les fleurs les plus riches en sucs mielleux qui doit décider du temps de la récolte du miel. Dans notre pays, il n'y a réellement que les sarrazins qui nous le donnent en abondance.

Je conclus, en répétant que tout administrateur d'Abeilles doit aspirer à se procurer le plus grand nombre de ruches, mais à condition qu'elles seront toutes richement peuplées. Comme il ne peut remplir ce but que par sa connoissance-pratique de l'objet des travaux des Abeilles, il doit en conséquence, 1.° les hiverner d'une manière analogue à leur constitution; 2.° ne leur permettre d'aller aux champs que quand le printemps s'annonce et que les fleurs s'épanouissent journellement; 3.° visiter ses ruches à la sortie de l'hiver, les nettoyer, et préserver les foibles du pillage, en les réunissant à d'autres, et en ne laissant de passage que l'entrée dont il diminuera même la largeur autant qu'il sera possible; 4.° veiller à la formation des essaims, et les séparer des mères ruches dans les temps convenables; 5.° protéger ses ruches contre les incursions de leurs ennemis, et les garantir des grandes chaleurs; 6.° et enfin, faire la récolte du miel sans perdre de mouches, et sans appauvrir les mères ruches. Ce sont-là les principaux soins que tout économe doit avoir, s'il veut voir prospérer ses Abeilles. Dans la vue d'éclairer et de faciliter son travail, j'ai jugé devoir terminer ce mémoire par l'exposition détaillée de tous les ouvrages qu'il doit faire dans chaque mois. J'ai suivi en cela le plan de l'abbé Rosier : pouvois-je mieux faire que de prendre un pareil guide?

OUVRAGES

A FAIRE

DANS CHAQUE MOIS DE L'ANNÉE.

NOVEMBRE.

LA récolte du miel n'est pas plutôt faite, qu'il faut se disposer à hiverner les Abeilles. Après avoir fait laver à l'eau tiède, et sécher les demi-ruches qu'on vient de vider, on les replace à côté des mères ruches, mais en sens contraire, afin de ne plus laisser de communication de l'une à l'autre, et avec l'attention de passer une planchette entre deux. (Voyez les lettres A et B, figure 1.ere). La face des demi-ruches qui étoient accollées, étant tournée en dehors et exposée à un air toujours nouveau, ne contractera aucune mauvaise odeur, et les demi-ruches serviront à contenir les planchettes, dont l'objet est de mettre les faces intérieures des mères ruches hors de toute insulte. On les retirera ensuite jusques sur le bord intérieur de l'abeiller, où elles resteront tout l'hiver. Cette position les éloignera encore du grand jour, et il sera plus facile de les soulever de quelques lignes par-derrière pour y établir un courant d'air, lorsqu'on craindra les effets de l'humidité.

Si l'on a adopté la forme d'abeiller que j'ai donnée, on mettra tout de suite les tiroirs dans leurs encadremens (voyez figures 1.ère et 2.e), où ils seront à demeure jusqu'au printemps. En même temps on tiendra le volet D à demi-ouvert (figure 1.ère), de façon cependant que les ruches puissent jouir de l'air le plus pur, sans être exposées à l'action du soleil. Dans cette arrière saison, les Abeilles ne sont pas aussi tentées de sortir que dans les beaux jours d'hiver, et il n'y a pas encore de vapeurs nuisibles dans les ruches. Il suffit qu'elles soient à l'abri des neiges, des pluies et des coups de vent qui sont presque les seuls dangers qu'elles aient à courir dans ce mois.

DÉCEMBRE, JANVIER ET FÉVRIER.

Les ruches étant disposées à passer l'hiver, d'après les précautions que nous venons d'indiquer, il n'est plus question que de les préserver des variations fâcheuses de cette saison, dont le danger est plus ou moins grand, suivant la nature du climat que les Abeilles habitent. Le moyen le plus efficace et qui m'a constamment réussi, est de tenir les Abeilles dans les plus profondes ténèbres; d'intercepter la chaleur momentanée du soleil d'hiver, et de donner un air toujours nouveau aux ruches. Voici en quoi consiste ce moyen : j'ai dit que les tiroirs munis de leurs volets, une fois dans leurs encadremens, y resteront tout l'hiver, ou tout au moins pendant ces trois mois. Comme ils doivent fermer bien exactement le devant de l'abeiller, si l'on abat encore les volets, ils occasionneront dans l'intérieur une obscurité qui trompera les Abeilles, les empêchera même de s'appercevoir d'une belle journée, et de sentir les influences d'un soleil perfide. Cette nuit factice a encore l'avantage de retenir leurs mouvemens inquiets, et d'arrêter leur ardeur pour le travail, lorsqu'un temps doux leur annonce prématurément le retour de la belle saison. Ce n'est qu'en pareille circonstance que les unes font leurs efforts pour sortir, tandis que d'autres vont se remplir de miel pour débarrasser les cellules. Il est donc essentiel de leur ôter la lumière toutes les fois qu'elle pourra exciter en elles une activité inutile ou dangereuse.

Par le secours des tiroirs, on empêchera également le soleil d'échauffer les ruches. L'air de l'abeiller n'étant point en contact avec l'air extérieur, il restera assez froid pour obliger les Abeilles à se tenir dans le repos le plus absolu. J'ai gardé les miennes en cet état, quoique le thermomètre exposé à l'air extérieur fût à douze degrés au-dessus de zéro. Je suis même convaincu que je les retiendrois pendant une chaleur plus considérable et autant de temps que je le voudrois, s'il m'étoit possible de les placer dans un lieu plus froid encore et plus obscur. J'avertis cependant que les tiroirs ne suffisent pas toujours. Quelques fois la chaleur et le jour percent à travers les lambris et viennent agiter les mouches. Alors il faut appuyer contre l'abeiller des planches dont l'extrémité inférieure sera à quelques pieds des rayons ou tables. Au défaut de planches, on peut mettre des perches sur lesquelles on assujettira ou de la paille ou quelque autre matière. Enfin, il faut employer tous les moyens qui tendront à diminuer la communication de l'air extérieur avec celui de l'abeiller.

Ces préparatifs finis, si l'on craint que l'humidité ne s'empare des ruches, on les soulèvera et on fera passer dessous de petits coins de bois, afin que l'air puisse continuellement se renouveler; mais les ruches seront disposées de manière que les rats ne puissent s'y introduire, soit par dessous, soit par la porte. Quelques lignes d'ouverture suffiront pour les coins, et un petit grillage en fer-blanc pour l'entrée. Par la même raison, les volets resteront à demi-ouverts tant que l'air ne pourra exciter les Abeilles à sortir. L'expérience démontre la nécessité de cette précaution : un air qui ne se renouvelle pas dans un petit espace sans cesse échauffé, se charge de vapeurs, se corrompt et devient bientôt méphitique. Il n'en est pas de même lorsque le temps est à la gelée; les vapeurs sont alors en moindre quantité et se congèlent promptement. Dans ce cas, si l'on craint que le froid attaque directement les Abeilles, on peut ôter les petits coins et abattre les volets. En toute autre circonstance, et principalement à la sortie de l'hiver, il est indispensable de donner de l'air aux ruches toutes les fois que les Abeilles ne peuvent se le procurer elles-mêmes.

En suivant un procédé aussi simple, on anéantira, ou tout au moins on affoiblira d'une manière efficace l'effet de ces alternatives fréquentes et dangereuses, et on parviendra à sauver toutes ses ruches, même celles dont la population seroit un peu foible.

MARS.

Les Abeilles qui ont échappé aux dangers de l'hiver en ont d'aussi redoutables à craindre à sa sortie, mais d'un autre genre. Le retour du soleil dont la chaleur est déja assez forte pour commencer à échauffer l'atmosphère, et à parsemer ce mois de quelques beaux jours, les détermine à quitter leur ennuyeuse position pour reprendre leurs travaux. Les ateliers se garnissent bientôt d'ouvrières empressées à avaler le miel contenu dans les cellules qui sont en grande partie destinées à servir de berceaux à la génération prochaine. Celles qui sont attachées à d'autres fonctions non moins importantes, nettoient la ruche, enlèvent les cadavres, s'établissent aux portes pour veiller à la sûreté commune, reçoivent et préparent les nouveaux matériaux qu'apportent déjà quelques pourvoyeuses : en un mot, elles concourent de toutes leurs forces à la régénération de la félicité publique ; et si les beaux jours se succèdent, on ne tarde pas à appercevoir les préparatifs qui se font pour la grande ponte. Mais malheureusement il n'ést point d'époque où le temps montre plus d'inconstance. Souvent à une brillante journée succèdent des jours sombres, froids et pluvieux; des frimats mêmes reparoissent sur la scène : et ce qui est pis encore, souvent un jour réunit plusieurs saisons. Il n'est pas rare de voir le soleil se montrer et se cacher à tout moment avec des alternatives de pluie et de grêle, de tonnerre et de neige. Ces intempéries sont mortelles pour les Abeilles lorsqu'on a l'imprudence de les laisser sortir ; et si ces assauts se répètent fréquemment, on doit s'attendre à voir les ruches les mieux fournies se dépeupler considérablement et tomber dans l'impuissance de donner des essaims. J'ai vu dans ces momens désastreux, la terre au-devant de l'abeiller couverte de mouches chargées de leurs petites pelottes de cire, et dans l'impossibilité de se relever. J'en ai vu d'autres surprises sur les fleurs par un froid subit et y rester immobiles, à moins que le soleil ne vint les ranimer.

Celui qui est chargé de la conduite des Abeilles doit être attentif à toutes ces révolutions et redoubler de soins et d'activité. Dès que la température est assez douce pour qu'elles ne courent aucun risque au dehors, il s'empresse d'enlever les planches qui recouvroient le devant de l'abeiller et d'ouvrir ses volets. Afin d'alléger leur premier travail, il soulève doucement les ruches, d'un coup de balai jette au dehors les mouches mortes et les ordures qui peuvent se trouver sur la table, détache adroitement les parties de gâteaux dont la moisissure s'est emparée, et rend l'intérieur de la ruche aussi propre qu'il est en son pouvoir. Il visite avec le même soin l'extérieur et le devant de l'abeiller, et nettoie l'un et l'autre avec la plus grande exactitude.

Le temps vient-il à changer, il referme ses volets et même replace ses planches, s'ils ne suffisent pas. Les Abeilles n'éprouvant plus l'impression d'une chaleur passagère, et se voyant replongées dans les ténèbres, abandonnent leurs ouvrages et reviennent s'amonceler dans quelque partie de la ruche. Il est possible de les tenir en cet état, tout le temps que la chaleur ne sera pas au-dessus du dixième degré. On augmente encore ce froid artificiel, en tenant les volets ouverts dès le coucher du soleil jusqu'au lendemain matin seulement. Il est même indispensable de le faire pour renouveler l'air des ruches et faciliter l'évaporation de l'humidité qui est alors abondante. Mais il se gardera bien de leur donner aucune nourriture; il sait que ce n'est pas la faim qui les presse, et qu'en leur présentant des alimens, il ne feroit qu'exciter leur avidité sans jamais la satisfaire; que ce n'est que dans la vue de remplir leurs magasins qu'elles se gorgent des liqueurs sucrées qu'on leur offre, et auxquelles même elles ne toucheront pas si le temps leur permet d'aller prendre sur les fleurs celles qui leur conviennent pour les besoins du moment. Il sait encore qu'elles ne sont jamais placées au hasard dans la ruche, et que c'est troubler les opérations de la nature que de les engager à quitter une position qu'il leur importe de garder. En causant le déplacement des mouches, on prépare le refroidissement de la ruche, dont la conservation dépend de l'intensité de chaleur qu'exigent les occurrences.

Je

Je conviens qu'il se trouve des ruches qui à la sortie de l'hiver, manquent de provisions et sont dans une pénurie extrême; mais cela n'arrive ordinairement qu'aux essaims de l'année, foibles en population, qui n'ont eu ni le temps, ni la force de faire les amas nécessaires, et qui les ont même bientôt dissipés, lorsque les hivers sont constamment trop doux. Les Abeilles séduites par ces apparences trompeuses, se dépêchent de vider leurs cellules, et se privent par cette opération de la matière propre à entretenir la chaleur, et conséquemment des moyens de se garantir du froid lorsqu'il se fait sentir de nouveau. Les ruches bien peuplées et bien fournies ont rarement à craindre un pareil inconvénient; quoiqu'elles suivent les mêmes procédés que les autres, leurs provisions sont trop abondantes pour qu'elles puissent les épuiser totalement avant le retour de la belle saison.

Je conseille donc, quand on aura des ruches dans la disette, de ne donner aucune nourriture aux mouches; mais d'empêcher dès le commencement de l'hiver, par le moyen des tiroirs, que les Abeilles ne ressentent l'impression de la chaleur du moment qui les mettroit en activité. Ce n'est qu'en les tenant, autant qu'il est possible, dans l'inaction, qu'on peut les sauver; et l'on auroit tout à craindre en leur laissant dévancer le temps qui doit les rappeler au travail.

Il n'est qu'un seul cas où il faille leur donner du miel. C'est lorsque la ponte est dans toute sa force, que les mâles éclosent journellement, que le couvain a besoin d'une nourriture abondante, et que les Abeilles sont retenues à la ruche par une suite de mauvais temps. L'impossibilité où elles sont de remplacer les consommations journalières, amène insensiblement la famine, dont la mère Abeille est la première victime. Sa mort entraîne infailliblement la destruction de sa ruche, qui se voyant sans chef et sans espoir d'en recouvrer un autre, tombe dans l'abattement et finit par y succomber. Lorsque cette catastrophe a lieu, il faut, sans hésiter, réunir ces ruches à d'autres. Nous verrons dans le mois suivant comment on parvient à les ranimer; et combien il est aisé de réparer ces pertes.

AVRIL.

Le commencement de ce mois est ordinairement assez semblable au précédent. On veillera donc, avec la même exactitude, à interdire ou à permettre la sortie des Abeilles. Mais vers la fin, et souvent plutôt, les beaux jours étant et plus constans et plus chauds, on ne doit plus retenir les mouches. En conséquence on ôtera chaque tiroir de son encadrement, et on le placera dans sa coulisse, où on ne l'engagera qu'en partie, afin de donner de l'ombre aux ruches. (Voyez figure 3.e) Cette précaution est de la plus grande importance : il seroit dangereux d'exposer subitement les ruches à l'ardeur d'un premier soleil ; les Abeilles sortiroient en trop grand nombre, et ayant perdu l'habitude du grand air, la plupart ne supporteroient pas sa vivacité. Il ne faut donc leur donner une liberté entière qu'au bout de quelques jours et par gradation ; ce qui se fait facilement en laissant tous les matins moins de saillie aux tiroirs. Qu'on ne craigne pas les piqûres des Abeilles : elles ont en ce moment bien autre chose à faire qu'à former des attaques. D'ailleurs, avec un peu d'adresse, on évitera les secousses qui pourroient les irriter. Quelques jours après, pendant que les Abeilles seront aux champs, on procédera à une nouvelle visite des ruches ; celle-ci ayant pour objet de repeupler celles qui en auront besoin, on marquera soigneusement les foibles, celles dont les mouches sont totalement mortes, et celles qui sont riches en population. Dès que l'état et la force de chacune auront été reconnus, et qu'on se sera décidé sur le nombre de celles qu'on veut réunir, on passera dans l'intérieur du rucher, sur le soir, après la retraite des Abeilles, on enlevera légèrement la ruche foible qu'on portera auprès d'une forte à laquelle on la joindra, avec l'attention de laisser l'entrée de la ruche telle qu'elle étoit avant sa jonction, et de ne pas écraser les Abeilles qui pourroient se trouver entre deux. On évite ce malheur en retardant d'un quart d'heure la réunion complette des deux demi-ruches; ce temps suffit pour ramener le calme. D'ailleurs le frais de la soirée aura bientôt fait disparoître les plus obstinées. Le même soir, ou le lendemain de très-bonne heure, on remplira les fentes et les ouvertures avec de la bouze de vache, et on ne laissera d'autre jour que l'entrée de la ruche.

Un voisinage aussi intime, occasionnera bientôt des querelles qui ne se termineront que par la mort du chef de la ruche foible. Qu'on examine avec quelque attention le bas du rucher, on ne manquera pas, quelques jours après, de le trouver sans vie. Si les ruches foibles sont en plus grand nombre que les fortes, et qu'on craigne de ne pouvoir pas les sauver, on en mettra deux ensemble, en suivant les mêmes procédés. Comme il ne s'agit en ce moment que de renforcer la population de l'une des deux, on tournera l'entrée de la plus foible en dedans de l'abeiller, et on la bouchera soigneusement. On accélérera par ce moyen la réunion des mouches qui, n'ayant plus qu'une porte commune, seront nécessairement obligées de se mêler. Si après cette réunion qui sera certainement décidée dans la huitaine, la population reste encore foible, on ôtera la ruche abandonnée, et on en substituera une seconde. Les mouches de celle-ci suffiront pour la completter; mais on laissera la porte tournée en dehors comme à l'ordinaire, pour que l'essaim qui pourra s'y loger, la trouve dans une direction convenable. En s'y prenant de cette manière, on réparera avantageusement les pertes que l'hiver aura occasionnées, et on aura la satisfaction de ne posséder que des ruches fortes et bien peuplées.

MAI ET JUIN.

Nous voici enfin parvenus au temps de la ponte: elle est le but de la vie laborieuse des Abeilles, comme elle est la source de nos espérances. La terre couverte de fleurs leur offrant des matériaux en abondance, elles prolongent avec une célérité merveilleuse leurs ouvrages dans l'espace qui leur a été ménagé. A mesure que le nombre des cellules augmente, on les voit se remplir de couvain. Ce couvain déposé successivement offre aux Abeilles des vers de différens âges dont elles peuvent déterminer le genre, en leur donnant un logement et une nourriture propres à opérer leurs transformations. Pour que la transformation ait lieu, il est important d'intercepter la communication entre la mère ruche et l'essaim qu'on veut former, avant que les vers se métamorphosent en nymphes, ou plutôt quand ils sont dans les premiers jours de leur naissance. Lorsqu'ils ont pris un certain accroissement, et que le moment de leur métamorphose approche, le genre est décidé, et les Abeilles perdent la faculté de le donner. Les jeunes mouches ne se regardant plus alors que comme une seule et même famille, viennent se ranger sous les drapeaux de la mère ruche à mesure qu'elles naissent, et il en résulte des essaims ordinaires lorsque les demi-ruches ne peuvent plus les contenir. On doit donc les surveiller de très-près, pour ne pas manquer le temps où il faut séparer ces sortes d'essaims.

On connoîtra que le moment de faire cette séparation est convenable, lorsqu'en se plaçant au-devant de la ruche, on verra une partie des Abeilles qui reviennent des champs avec leurs petites charges, se diriger préférablement vers une des moitiés de la ruche, revenir même sur leurs pas, si, par méprise, elles se sont portées à l'une plutôt qu'à l'autre. Mais comme il faut un œil un peu exercé pour ne pas se tromper sur leurs mouvemens, voici une autre manière moins équivoque de s'assurer si l'essaim est décidé. On passe derrière la ruche, on la soulève le plus doucement qu'il est possible, et lorsqu'on voit la demi-ruche où se loge l'essaim, remplie à-peu-près, on peut être assuré que l'opération réussira. Plus tard, toutes les mouches pourroient être écloses : plutôt, l'essaim pourroit avoir lieu; mais il seroit trop foible.

Lorsqu'on croira qu'il est à propos de couper la communication entre les deux demi-ruches, on prendra le temps où les Abeilles sont le plus occupées, et on reculera de droite et de gauche les deux moitiés de trois pouces. (Voyez les lettres G G, de la figure 5.e). Cette division faite, on ôtera l'enduit qui pourra être resté sur leurs bords, et avec la pointe d'un couteau, on enlèvera adroitement la portion de gâteau qui se trouve ordinairement dans le point de communication. On interceptera ces passages avec des planchettes de sapin qui auront la même dimension que les ruches, et qu'on fera glisser le long de la face intérieure de chaque demi-ruche jusqu'à l'affleurement des faces extérieures. (Voyez H H, figure 5.e).

Cette opération se faisant en dedans de l'abeiller, il sera facile de tenir la planchette exactement jointe à la ruche, en la faisant glisser pour ne pas écraser les Abeilles qui se présentent en foule entre les demi-ruches, et qui étant poussées en avant par les planchettes, se retrouveront placées à leur entrée respective, et reprendront bientôt leurs fonctions. A peine s'appercevront-elles même de ce dérangement, si l'on prend bien ses mesures et si l'on agit lentement.

La communication étant interceptée, on rapprochera les demi-ruches, et l'on en contiendra les planchettes avec de petits coins de bois s'il est nécessaire. (Voyez encore les lettres HH, figure 5.e). On les laissera sur place pendant quelques jours, afin de voir si les mouches se fixent dans leur nouveau domicile, si le nombre de l'une se proportionne à celui de l'autre, et si elles sortent et rentrent des deux côtés avec des provisions. Dès qu'on croira l'essaim solidement établi; si l'abeiller est assez considérable pour qu'il reste un grand intervalle entre toutes les ruches, on fera marcher les deux demi-ruches, en les éloignant chaque jour l'une de l'autre d'un pouce et même plus, suivant que les mouches sauront se reconnoître. (Voyez les lettres II de la 3.e figure). Ce mouvement progressif se continuera jusqu'à ce qu'il y ait assez de distance entre elles, pour pouvoir y placer à l'aise des demi-ruches vides. Par ce moyen les Abeilles ne pourront se douter d'un changement qui ne leur paroîtra pas même sensible; et les travaux n'étant point interrompus, elles se verront quelquefois en état de donner un second essaim un mois après. Si le défaut d'espace ne permet pas de suivre ce procédé, on réussira également en transportant la mère ruche dans une autre partie de l'abeiller. (Voyez les lettres L des figures 3.e et 4.e). Pour faire ce transport avec facilité, le soir on soulèvera la ruche d'un pouce, et elle restera toute la nuit en cet état. Le lendemain pendant le frais du matin, les mouches étant immobiles et groupées, on portera sans aucun risque la ruche à la place qui lui est destinée. On prendra ensuite des demi-ruches vides que l'on joindra à chaque demi-ruche pleine, après en avoir enlevé les planchettes, et en suivant le procédé et prenant les précautions que j'ai indiquées pour la séparation des essaims.

Les mères ruches et leurs essaims ainsi séparés les uns des autres, demandent encore une attention suivie pendant les premiers jours. Si la population de la mère ruche se trouve, pour la plus grande partie, composée de mouches anciennes et de jeunes mouches, on peut être sûr du succès de l'opération; mais on ne doit pas compter sur un second essaim.

Le changement de position qui les met dans la crainte de ne pas reconnoître le nouvel abord de leur habitation, les empêche de sortir au moins pendant quelques jours. Comme elles ne peuvent plus fournir aux besoins journaliers du couvain, elles prennent le parti cruel d'arracher de leurs cellules les œufs, les vers et les nymphes qui s'y trouvent alors, et de les jeter hors de la ruche. La proscription s'étend même sur les mâles devenus inutiles, et qu'il seroit impossible de nourrir. Après cette exécution sanglante, l'ordre ne tarde pas à se rétablir, et les Abeilles peuvent avec sécurité reprendre leurs voyages.

Si au contraire beaucoup de mouches se trouvent récemment écloses au moment du déplacement des mères ruches, on doit s'attendre à voir manquer l'opération. Ces jeunes mouches n'ayant pas encore de patrie, pour ainsi dire, et méconnoissant aussi leurs nouveaux alentours, délogent successivement peu d'heures après leur translation, et retournent à l'ancienne place. La ruche se dépeuple si sensiblement, qu'il ne reste bientôt plus assez d'ouvrières pour continuer les travaux. Le parti à prendre est de la reporter à son essaim, et de l'y réunir comme auparavant, afin qu'elle se repeuple. Quelques jours après, les jeunes Abeilles se seront incorporées à la ruche, et on pourra l'enlever de nouveau sans craindre une seconde désertion.

Quelquefois les jeunes Abeilles qui doivent composer l'essaim, se voyant séparées de leur mère ruche, s'agitent, s'inquiètent, s'écartent, parcourent même rapidement des espaces considérables, et arrivent enfin à l'entrée des ruches qui les avoisinent. Se méprenant sur une ressemblance qui les trompe, et croyant avoir recouvré leur mère chérie, elles abandonnent leur propre domicile et se jettent en foule chez ces étrangères.

Le moyen de les arrêter, est d'isoler la ruche par deux morceaux de planche, longs d'un pied chacun, larges de trois pouces, et qui s'adaptent exactement aux bords extérieurs de la table. (Voyez la lettre S, de la figure 5.e). Privées de cette vue dangereuse, ordinairement elles cessent leur émigration , et se décident tout de bon à se donner un chef. Si le moyen que j'indique est insuffisant, on rapporte la mère ruche auprès de l'autre, on les laisse six à huit jours ensemble, après lesquels on enlève la demi-ruche où les Abeilles paroissent le plus constamment rester. Mais on évite tous ces inconvéniens, quelque soit la demi-ruche qui aura été transportée, en tenant l'entrée fermée pendant vingt-quatre heures seulement. Ce temps suffit pour que les Abeilles perdent l'idée de l'abandonner.

Je préviens que dans tous les cas où l'on jugera nécessaire de séparer les demi-ruches, et où cette opération n'aura pas eu le succès qu'on s'en étoit promis, on ne doit pas craindre de rebuter les Abeilles, en la répétant aussi souvent que les circonstances l'exigeront.

JUILLET.

Les chaleurs de ce mois ne se font pas plutôt sentir , que toute espèce de travail cesse dans les ruches. Cette inaction des Abeilles, causée par la disette de provisions, les force à se répandre vaguement dans la campagne, où elles deviennent la proie d'une foule d'insectes et de reptiles, qu'une atmosphère brûlante multiplie chaque jour, et qui parviennent quelquefois à rendre désertes les ruches les plus peuplées.

Il est impossible d'arrêter totalement ces dévastations; mais avec des soins on peut diminuer considérablement le nombre des victimes. Je ne me lasserai point de répéter que l'intérieur et le devant de l'abeiller doivent être tenus dans la plus grande propreté. C'est le seul moyen d'écarter les serpens, les crapauds, les lézards, les salamandres, etc. On enlèvera de même les toiles d'araignées; et l'on poursuivra ces terribles fileuses jusqu'au fond de leurs retraites.

C'est aussi dans ce mois que les papillons de nuit font le plus de dégât dans les ruches. J'ai fait voir avec quelle adresse, ils savent s'y introduire et s'y multiplier au point d'en causer la ruine entière. Le moyen le plus efficace pour les détruire, est de boucher soigneusement toutes les ouvertures, les fentes, les passages, et de ne laisser absolument que l'entrée ordinaire. Les Abeilles n'ayant qu'un petit espace à garder, se préserveront mieux d'un ennemi d'autant plus dangereux, qu'il mine sourdement leurs édifices, et finit par se rendre maître de la place.

Mais ce qui doit rassurer sur ses entreprises, c'est qu'il n'attaque guères que les ruches foibles; lorsqu'on en aura, il faut les réunir aux ruches les plus fortes. Peu de jours après, les Abeilles auront détaché les parties de gâteaux infestées qu'on trouvera sur la table. Il faut les enlever tout de suite, et ne pas compter sur les Abeilles, dont les efforts seroient impuissans contre de pareilles masses.

Quoique le pillage soit aussi à craindre dans ce mois, il ne l'est que pour les ruches foibles, à moins qu'on n'ait eu l'imprudence de laisser plusieurs issues aux autres. On arrêtera ce brigandage en réunissant de même les foibles aux fortes. Dans le mois suivant, elles se repeupleront, et on pourra tenter de les séparer quand on s'appercevra que la population des unes et des autres est assez considérable pour être en état de supporter les attaques du froid le plus rigoureux.

Un excès de chaleur dans les ruches est encore une autre cause de dépopulation. Lorsque les Abeilles ne peuvent parvenir à la tempérer, ce qui est très-rare, la plus grande partie abandonne la place et va se perdre dans les champs. On arrêtera cette émigration forcée, en tenant les ruches à l'ombre, par le secours des tiroirs qui resteront poussés en avant, tout le temps que dureront les grandes chaleurs. On pourra encore tenir les ruches soulevées, afin d'en renouveler l'air; mais il faut être très-circonspect sur cette pratique qui ne doit s'appliquer qu'à celles qui ont un très-grand nombre d'Abeilles. J'ai déja fait entrevoir le danger de laisser plusieurs ouvertures, principalement aux ruches foibles.

AOUT.

L'apparition d'une seconde sève rappelle les Abeilles au travail. Ce bienfait des climats tempérés répare les pertes du mois précédent, et donne naissance à de nouveaux essaims qui réussissent parfaitement quand les hivers sont doux. Il faut cependant être très-réservé sur leur nombre, et n'en demander qu'aux ruches extraordinairement peuplées. Les mouches qui composent ces sortes d'essaims, n'ayant pas eu le temps de s'habituer à l'impression d'un froid qui devient tous les jours un peu plus actif, résistent moins que les autres, lorsqu'il se fait sentir vivement. Il vaut mieux tourner ses vues sur la récolte du miel que vont produire les blés-sarrazins dont la fleuraison s'annonce déja à la fin de ce mois.

Les ouvrières toujours plus nombreuses auront bientôt rempli leurs magasins, aussitôt que les moissons leur seront ouvertes. On jouira encore de l'avantage de ne posséder que des ruches en état de supporter les pertes de l'hiver et de donner au printemps suivant des essaims forts et vigoureux. Comme elles ont toujours des moitiés prêtes à recevoir les provisions, on n'aura d'autres précautions à prendre que de les enduire à leur jonction pour les garantir du pillage, et interdire tout passage aux papillons. On poursuivra avec la même vigilance leurs autres ennemis, et les tiroirs ne seront poussés en entier sous les tables, que lorsqu'on s'appercevra que la chaleur ne leur est plus incommode. (Voyez les figures 5.e et 6.e, dont les tiroirs poussés en entier sous les tables, laissent les ruches totalement exposées au soleil).

SEPTEMBRE.

Les époques où se fait la grande récolte des Abeilles, dépendent du climat et de la nature des productions du pays qu'elles habitent. En Bresse, elle a lieu dans le mois de septembre sur les fleurs des blés-sarrazins semés au mois de juillet. La température y est assez douce pour qu'on puisse espérer de récolter dans le courant de l'automne. Dès que la fleuraison commence, la mère Abeille cesse sa ponte. Les ouvrières qui ont déjà ressenti l'impression de quelques matinées froides, se dépêchent de remplir de miel les cellules d'où sortent journellement les jeunes mouches, et se hâtent de prolonger leurs constructions. Si les matériaux sont abondans, et qu'on ait eu soin de leur donner de l'espace, les ruches seront pleines à la fin du mois.

C'est pendant ce temps que les Abeilles trop

occupées, ont le plus besoin de protection contre leurs ennemis qui viennent les assaillir de toutes parts, principalement contre les guêpes et les frelons. Nés avec une constitution plus robuste que les Abeilles, ils choisissent le temps frais du matin, et pendant qu'elles sont encore amoncelées, s'introduisent dans les ruches, et en pillent les provisions. Il est difficile de les détruire : cependant il est un moyen d'en diminuer considérablement le nombre ; mais il faut de la patience. Ce moyen consiste à mettre du miel dans un vase plat, que l'on place dans quelque endroit un peu éloigné du rucher. Les guêpes attirées par l'odeur du miel dont elles sont très-friandes, s'y jetteront en foule ; il sera aisé alors de les approcher et de les détruire à coups de ciseaux. Je suis souvent parvenu de cette manière à les faire disparoître en grande partie dans des années où elles étoient très-abondantes. Le pillage étant aussi très à craindre dans ce mois, on fera la guerre la plus opiniâtre à toutes les mouches étrangères qui chercheront à entrer dans les ruches.

Pour que rien n'échappe à la vigilance de l'économe, il visitera souvent le devant de son abeiller ; il examinera toutes ses ruches, afin de connoître le genre de mouches qui se rendent à chacune ; et sitôt qu'il en appercevra dans le désordre, et hors d'état de résister aux attaques des pillardes, il il les réunira aux ruches les plus fortes qui auront déja rempli leurs moitiés. S'il perd les mouches des premières, il retirera au moins les ruches pleines de miel.

Il suivra les mêmes procédés pour celles qui seront infestées de fausses teignes, sans s'inquiéter sur le danger de les rapprocher de celles qui sont saines. Les Abeilles les auront bientôt délogées, et répareront promptement les ravages qu'elles auroient pu faire; mais les Abeilles passeront du côté le plus fort, et il ne demeurera que de la cire et du miel. Au reste, ces accidens n'auront jamais lieu qu'à l'égard des ruches foibles.

Vers la fin du mois, si les ruches paroissent pleines, l'économe se préparera à faire sa récolte; mais comme il y a encore quelques Abeilles qui reviennent chargées, il attendra le mois suivant.

OCTOBRE.

Les ouvrages à faire dans ce mois sont des plus importans, puisqu'il est question de la récolte du miel. La chaleur étant encore assez forte pour porter la liqueur du thermomètre jusqu'à douze et même quinze degrés, les Abeilles peuvent sans danger entrer et sortir librement de la ruche. Lorsqu'on voudra prendre le miel de celle qu'on croira en état d'en fournir, on aura soin de faire la séparation des ruches la veille d'un jour que l'on présumera être beau, une heure avant le coucher du soleil. Par cette opération préliminaire, on a bientôt reconnu laquelle des deux moitiés est la mère ruche. Une distance de quelques pouces (Voyez figure 6.e) suffit pour engager déja une partie des mouches à la rejoindre, et à annoncer par un doux battement d'ailes, le plaisir de la retrouver. En s'y prenant à cette heure, on évite encore le pillage qui est on ne peut pas plus à craindre en pareille circonstance.

Dès que tout est tranquille dans l'abeiller, on soulève doucement d'un pouce ou deux les ruches qu'on doit enlever, et on les laisse ainsi jusqu'au lendemain. (Voyez la lettre N, figure 6.e). Le frais de la nuit qui ne tarde pas à se faire sentir, engage les Abeilles à gagner le fond supérieur de la ruche et à s'y amonceler, de manière qu'il devient très-aisé de les porter où l'on veut.

Le lendemain, sur les neuf ou dix heures du matin, avant le lever des Abeilles, on procède à leur expulsion. Rien n'est plus facile. On enlève avec précaution les ruches, on les porte à quelque distance du rucher, mais exposées au soleil. Les rayons de cet astre qui ne tarde pas à les échauffer, ont bientôt ranimé les Abeilles qui partent en foule pour regagner la mère ruche. Mais comme il en reste quelquefois un assez grand nombre, il faut secouer un peu fortement la ruche contre terre, pour les faire tomber, en prenant garde de ne pas ébranler les gâteaux qui, par leur chûte, se saliroient et engluerojent les Abeilles qu'ils entraîneroient avec eux. Ce qui néanmoins n'arrivera pas, si l'on a la précaution, avant de faire usage des demi-ruches, de mettre dans chacune, deux petits bâtons en croix, assez assujettis pour empêcher la chûte des gâteaux, et placés assez bas pour pouvoir les enlever facilement, lorsqu'on voudra extraire le miel.

Ces bâtons serviront encore à contenir les rayons qui souvent perdent leur perpendiculaire, se resserrent les uns contre les autres, et par-là interceptent absolument toute communication entr'eux. Lorsque cet accident a lieu, la moisissure ou les fausses teignes s'emparent de ces parties devenues inaccessibles aux Abeilles, s'y étendent de proche en proche, et finissent par détruire les ruches les plus peuplées.

Je dois avertir qu'à mesure qu'on enlève les demi-ruches, on doit en remettre des vides à la place ou des planchettes dont j'ai parlé. Il seroit trop dangereux de laisser à découvert l'intérieur des mères ruches, qui, quoique bien peuplées, ne pourroient se défendre à la longue des incursions des Abeilles étrangères. Il en résulteroit au moins une infinité de combats qui ne cesseroient que par la mort des unes et des autres.

Si malgré vos précautions, vous ne pouviez vous défendre du pillage, ou si contre votre attente, le soleil ne paroissoit pas, et que l'air fût trop froid, vous avez un autre moyen sûr de faire déloger les Abeilles, et même d'éviter les inconvéniens que j'ai fait remarquer. C'est de placer vos ruches dans une chambre obscure, qui ne reçoive de jour que par un petit trou qu'on aura pratiqué dans le volet, ou bien qu'on laissera entr'ouvert seulement d'un demi-pouce, si les pillardes n'incommodent pas. Les ruches seront placées sur une table à un pied ou deux de l'ouverture, et la table sera rapprochée autant qu'il sera possible de la fenêtre. Cette foible clarté suffisant pour attirer les Abeilles, elle leur servira comme de fanal, pour les guider dans leur retour à l'abeiller.

Afin de conserver les Abeilles dans toute leur vigueur, on aura soin de faire du feu dans la chambre, ou plutôt d'y allumer un poile qui échauffe l'air plus également. On a d'ailleurs l'avantage d'en mieux cacher la flamme, dont la lueur tromperoit les Abeilles, et les jetteroit dans une méprise funeste. En suivant ce procédé, on est sûr qu'il ne demeure pas une seule mouche dans les ruches, et que malgré le froid de l'air extérieur, il leur reste assez de forces pour traverser le court espace de la chambre à l'abeiller. De plus, on n'a pas à craindre les pillardes qui, malgré l'envie qu'elles auroient d'y pénétrer, sont bientôt rebutées par l'obscurité qu'elles apperçoivent. J'insiste avec d'autant plus de confiance sur cette pratique, qu'elle se trouve à la portée des gens de la campagne, par la simplicité et la facilité de l'exécution.

Il est encore une autre manière de déloger les Abeilles; mais elle ne réussit parfaitement que lorsque l'abeiller n'a qu'un petit nombre de ruches. Au lieu d'emporter les demi-ruches, on les laisse sur place, à quelques pouces de leurs mères, on ferme exactement les deux moitiés avec des planchettes, et on adapte à celles dont on veut prendre le miel, un conduit en carton auquel on donne la forme d'une voûte; on le place à l'ouverture de la demi-ruche, avec l'attention qu'il n'y pénètre que de quelques lignes, et qu'il ait une longueur de deux pouces en avant du bord de la table. Ce petit appareil a pour objet de masquer l'entrée de la ruche aux Abeilles étrangères. Mais, comme je l'ai déja dit, il est insuffisant lorsqu'elles sont en grand nombre. Il est impossible alors de les empêcher d'éventer le passage.

Il arrive quelquefois que les demi-ruches dont on veut s'emparer, contiennent encore du couvain.

On s'en apperçoit à l'opiniâtreté des Abeilles à ne vouloir pas les abandonner. Le meilleur parti à prendre est de les reporter à la même place, et de les réunir le mieux que l'on pourra à leurs mères ruches. Au bout de quelques jours, ce couvain sera éclos, et les mouches n'auront plus les mêmes motifs pour rester; mais l'on ne doit pas espérer d'y trouver beaucoup de miel, la saison étant trop avancée pour pouvoir en remplir les cellules d'où sont sorties les jeunes Abeilles. Quant à moi, je leur laisse passer l'hiver en cet état, et je suis sûr qu'au printemps, elles forment de bonne heure des essaims vigourenx qui peuvent en donner d'autres dans la même année. Il en est ainsi de toutes les demi-ruches où il y a peu de provisions. Lorsqu'elles ne sont remplies qu'au quart ou au tiers, je les laisse également. Ces commencemens d'ouvrages mettent les Abeilles en avance pour la ponte prochaine. D'ailleurs ils contiennent peu de miel, et ce peu est même bientôt enlevé, si l'on néglige de le prendre. Ce n'est cependant pas le besoin de nourriture qui les y force: j'en ai dit ci-devant la raison.

Enfin quand tous ces procédés ne conviennent pas aux pays où la récolte doit se faire plus tard et souvent même à la fin de l'hiver, il ne faut déranger aucunes demi-ruches et attendre qu'un temps de gelée force les Abeilles à se retirer dans la mère ruche. Pour-lors on enlève avec la plus grande facilité celle qui est déserte, et on la remplace par une demi-ruche vide dont la communication sera tournée en dehors, avec la précaution de mettre une planchette entre deux. Si les demi-ruches sont extrêmement peuplées, une gelée ordinaire ne suffira peut-être pas pour faire totalement déguerpir les mouches : dans ce cas, on les disjoindra de quelques lignes, pour que le froid frappe directement sur elles, et les force à se réfugier dans l'endroit le plus chaud.

Après la récolte du miel, on sera attentif aux variations de l'air extérieur et aux mouvemens des Abeilles. Quoique leurs voyages soient alors presque infructueux, si le temps continue à être beau, on pourra les laisser sortir sans risque. On se contentera de pousser les tiroirs le plus en avant que l'on pourra, afin qu'elles ne prennent leur essort que lorsque le soleil aura suffisamment échauffé l'atmosphère. S'il fait mauvais temps, ou si l'air devient froid, alors on ôte tout-à-fait les tiroirs de leurs coulisses, et on les place dans leurs encadremens; mais le petit volet pratiqué sur la longueur inférieure de chaque tiroir, restera ouvert; et dans le cas où l'on appercevroit de l'humidité dans les ruches, on les soulèvera de la manière que j'ai indiquée ci-devant.

Par ces procédés, je suis parvenu à obtenir

un produit avantageux de mes Abeilles. J'invite les agriculteurs à en faire l'essai ; et pour leur en faciliter l'exécution, je joins à ce mémoire un plan de mon rucher avec l'explication des opérations les plus essentielles.

PARTIE

PARTIE

DU

PLAN D'UN ABEILLER,

Conçu d'après les principes du Citoyen Dubost, et où sont expliquées les opérations les plus essentielles de sa méthode.

Explication des figures.

La première figure représente trois mères ruches auxquelles on vient d'enlever la moitié de leurs provisions déposées dans les demi-ruches qui leur étoient jointes, et dont les faces accolées sont actuellement tournées en dedans de l'abeiller, et séparées de ces mères ruches par des planchettes. A, demi-ruches vides. B, planchettes. C, petit lien pour tenir le volet D, à demi-ouvert, afin de donner de l'air aux ruches et les tenir à l'ombre. E, tourniquets servant à fixer les tiroirs.

La deuxième figure fait voir également un tiroir dans son encadrement, dont le volet totalement fermé intercepte la lumière aux Abeilles.

La troisième figure représente un tiroir dans sa coulisse faisant peu de saillie, afin que les ruches commencent à être échauffées par le soleil. I, mère ruche séparée de son essaim par des planchettes soutenues à leur tour par d'autres planchettes qu'on éloigne l'un de l'autre chaque jour d'un pouce ou deux jusqu'à la distance nécessaire pour donner une demi-ruche vide à chacun. L, mère ruche à laquelle on a enlevé son essaim transporté à la 4.e figure sous la même lettre.

La quatrième figure représente encore un tiroir dans sa coulisse, placé à la sortie de l'hiver, en forme d'avant-toit, pour ôter le soleil aux mouches jusqu'à ce que la température leur permette de sortir sans danger. L, essaim séparé de sa mère ruche casée dans la troisième figure, où on a été forcé de la placer par le défaut d'espace. M, autre mère ruche transportée, à laquelle on peut donner une demi-ruche vide. T, deux demi-ruches réunies formant une ruche entière totalement à l'ombre. Ces deux demi-ruches contenues par des liens de corde ou d'ozier attachés à des pitons à vis et à anneau qu'on peut placer et déplacer à volonté sans troubler les mouches.

Figure cinquième: ruches préparées pour la séparation des essaims jouissant alors de toute la chaleur du soleil de printemps, à laquelle on les expose en poussant les tiroirs totalement sous les tables. G, mère ruche détachée de son essaim et qu'on sépare. H, autre mère ruche également séparée de son essaim, et dont les planchettes poussées jusqu'à l'affleurement des demi-ruches, sont contenues pendant quelques jours par des coins de bois. S, morceau de planche dont la forme adaptée à celle de la table, se place entre les ruches pour éviter le mélange des Abeilles.

Figure sixième, explique les premières dispositions pour la récolte du miel. O, mère ruche séparée de quelques pouces une heure avant le coucher du soleil de sa demi-ruche qui ne contient que des provisions et des mouches dont une grande partie regagne déjà la mère ruche avant la nuit. N, autre demi-ruche soulevée d'un pouce pour forcer les Abeilles qui n'ont pu rejoindre la mère ruche à se réfugier dans le fond supérieur et s'y grouper jusqu'au lendemain matin. U, liteaux appliqués sur les montans et les tables, ou bien feuillures pratiquées sur leur épaisseur, pour fixer l'encadrement des tiroirs.

Figure septième : profil du rucher où l'on voit comment doivent être disposés les volets et les tiroirs ; suivant qu'il est expliqué dans les figures 3 et 4. Les volets s'élèvent ou s'abaissent à proportion du degré de lumière qu'on veut donner aux Abeilles. F, tiroir fortement poussé en avant pour tenir les ruches totalement à l'ombre. P, autre tiroir ayant moins de saillie. R, liteaux pratiqués sous les tables pour servir de coulisses aux tiroirs. D'autres liteaux sont également appliqués sur les montans et sur l'épaisseur des tables pour fixer les encadremens des tiroirs, comme il est facile de les appercevoir dans la perspective du rucher. On peut, si l'on veut, faire faire des feuillures à la place de liteaux.

S, morceau de planche dont la forme adaptée à celle de la table se place entre les ruches pour éviter le mélange des Abeilles. Voyez sa position à la figure 5.e

FIN.

Fig. 1.
Fig. 2.
Fig. 7
S
PARTIE DU PLAN
Echele de 6 pieds

www.ingramcontent.com/pod-product-compliance
Ingram Content Group UK Ltd.
Pitfield, Milton Keynes, MK11 3LW, UK
UKHW020606180726
13838UKWH00001B/457